essentials

essentials liefern aktuelles Wissen in konzentrierter Form. Die Essenz dessen, worauf es als „State-of-the-Art" in der gegenwärtigen Fachdiskussion oder in der Praxis ankommt. *essentials* informieren schnell, unkompliziert und verständlich

- als Einführung in ein aktuelles Thema aus Ihrem Fachgebiet
- als Einstieg in ein für Sie noch unbekanntes Themenfeld
- als Einblick, um zum Thema mitreden zu können

Die Bücher in elektronischer und gedruckter Form bringen das Fachwissen von Springerautor*innen kompakt zur Darstellung. Sie sind besonders für die Nutzung als eBook auf Tablet-PCs, eBook-Readern und Smartphones geeignet. *essentials* sind Wissensbausteine aus den Wirtschafts-, Sozial- und Geisteswissenschaften, aus Technik und Naturwissenschaften sowie aus Medizin, Psychologie und Gesundheitsberufen. Von renommierten Autor*innen aller Springer-Verlagsmarken.

Martin Wiedemann

Systemleichtbau für die Luftfahrt

Martin Wiedemann
Braunschweig, Deutschland

ISSN 2197-6708 ISSN 2197-6716 (electronic)
essentials
ISBN 978-3-658-38479-1 ISBN 978-3-658-38480-7 (eBook)
https://doi.org/10.1007/978-3-658-38480-7

Die Deutsche Nationalbibliothek verzeichnet diese Publikation in der Deutschen Nationalbibliografie; detaillierte bibliografische Daten sind im Internet über http://dnb.d-nb.de abrufbar.

Planung/Lektorat: Eric Blaschke
Springer Vieweg ist ein Imprint der eingetragenen Gesellschaft Springer Fachmedien Wiesbaden GmbH und ist ein Teil von Springer Nature.
Die Anschrift der Gesellschaft ist: Abraham-Lincoln-Str. 46, 65189 Wiesbaden, Germany

Was Sie in diesem *essential* finden können

- Eine Definition des Systemleichtbaus als Erweiterung des klassischen Leichtbaus.
- Einen Überblick über die möglichen Energieträger der Zukunft in der Luftfahrt.
- Eine Abschätzung der Bedeutung von Gewichts- und Widerstandsreduktionen für den Energieverbrauch von Verkehrsflugzeugen.
- Einen Einblick in die Potenziale der Bauweisen mit kohlenstofffaserverstärkten Kunststoffen.
- Einen Überblick über Forschungsergebnisse des Systemleichtbaus auf den Gebieten der Werkstoffe, Methoden, Bauweisen und Fertigungstechnologien zur Erreichung der Klimaziele einer emissionsminimalen Luftfahrt.

Vorwort

Für die Erreichung der Klimaziele des Green Deal werden Verkehrsflugzeuge voraussichtlich mit neuen Energieträgern fliegen, deren Verfügbarkeit und Herstellungskosten eine Reduktion des Energieverbrauchs notwendig machen. Zudem wird auch bei der Verbrennung von Wasserstoff oder synthetischem Treibstoff immer eine gewisse Menge an Restemissionen entstehen. Der Systemleichtbau leistet für eine ökologische und ökonomische Luftfahrt der Zukunft entscheidende Beiträge sowohl hinsichtlich Gewichtseinsparungen wie auch in Bezug auf die Luftwiderstandsreduktion.

In Flugzeugstrukturen werden zunehmend Faserverbundmaterialien eingesetzt. Die Leistungsfähigkeit dieser Materialklasse ist groß und noch nicht ausgeschöpft. Weitere Gewichtseinsparungen ermöglicht die Funktionsintegration in die Faserverbundstruktur. Faserverbunde eignen sich zudem zur Reduktion des aerodynamischen Reibungswiderstands. Wie wirken sich Gewichtseinsparungen und Widerstandsreduktion auf den Energieverbrauch künftiger Flugzeuge aus? Was unterscheidet den Systemleichtbau vom klassischen Leichtbau? Welche Methoden, Bauweisen, Fertigungstechnologien und welche Möglichkeiten der Funktionsintegration stehen für energieeffiziente Flugzeuge der Zukunft zur Verfügung?

Dieses Essential richtet sich an interessierte Ingenieur*innen und Expert*innen der Luftfahrtindustrie, die auf der Suche sind nach zeitnah umsetzbaren (Teil-) Lösungen für die Effizienzsteigerung künftiger Verkehrsflugzeuge. Die Übersicht soll verdeutlichen, dass Systemleichtbau eine Einsparung im Leergewicht von mehr als 10 %, Kostenreduktionen in der Fertigung und signifikante Beiträge zur aerodynamischen Widerstandsreduktion ermöglicht.

Nach einer einleitenden Übersicht erwartbarer Kosten künftiger Energieträger der Luftfahrt, einer Benennung der Potenziale von Gewichts- und Widerstandsreduktion für den Energieverbrauch, Emissionen und Kosten und einer Einführung in die Systematik werden beispielhaft Ergebnisse aus der Forschung thematisch sortiert mit kurzen einführenden Erklärungen zusammengefasst. Die Kurzbeschreibungen mit Quellenangabe erlauben interessierten Leser*innen einen schnellen und unkomplizierten Einblick in weitere Details.

Die zitierten Forschungsergebnisse stellen nur einen Ausschnitt aus dem großen Fundus an Möglichkeiten des Systemleichtbaus dar, zu einer emissionsminimalen Luftfahrt der Zukunft beizutragen. Darüber hinaus will das Essential zu weiteren Forschungsarbeiten in der skizzierten Richtung anregen.

Braunschweig Martin Wiedemann

Inhaltsverzeichnis

1 Motivation

Für eine emissionsminimale – im Idealfall emissionsfreie – Luftfahrt werden aktuell Alternativen zu Kerosin als Energieträger diskutiert. Diese werden jedoch voraussichtlich bedingt verfügbar, teuer und nach heutigem Wissensstand auch nicht gänzlich emissionsfrei sein. Technologien zur Energieeinsparung künftiger Verkehrsflugzeuge werden daher einen wesentlichen Anteil an der Zielerreichung haben.

Hier setzt der Systemleichtbau an, indem er über den klassischen Leichtbau hinaus durch Funktionsintegration weitere Gewichtseinsparungen sowie signifikante Beiträge zur Reduktion des aerodynamischen Reibungswiderstands ermöglicht.

Kohlenstofffaserverstärkte Kunststoffe (CFK) sind wegen ihrer hohen strukturellen Leistungsfähigkeit und der Möglichkeiten der Funktionsintegration für den Systemleichtbau besonders geeignet.

1.1 Systemleichtbau für die emissionsminimale Luftfahrt

► **Definition** Der Systemleichtbau ist eine Erweiterung des klassischen Leichtbaus. Im Systemleichtbau wird eine Integration möglichst vieler passiver und aktiver Funktionselemente in die lasttragende Struktur angestrebt.

Im Flugzeugbau sind solche Elemente beispielsweise aerodynamische Verkleidungen, Kabinenausstattungen, elektrische Leitungen, Antennen und Energiespeicher.

Zudem lassen sich im Systemleichtbau Technologien zur aerodynamischen Strömungsbeeinflussung integrieren, die zur Reduktion des Reibungswiderstands beitragen.

M. Wiedemann, *Systemleichtbau für die Luftfahrt,* essentials,
https://doi.org/10.1007/978-3-658-38480-7_1

Systemleichtbau versteht den Leichtbau im Zusammenwirken mit weiteren Systemen des Flugzeugs.

Die CO_2-Emissionen in der Luftfahrt werden im Wesentlichen durch drei Flugzeugklassen verursacht: durch Regionalflugzeuge zu 7 %, durch Mittelstreckenflugzeuge (Short/Medium Range: SMR) zu 51 % und durch Langstreckenflugzeuge (Long Range: LR-) zu 42 % [38]. Gewichtseinsparungen und Widerstandsreduktion im Bereich der SMR- und LR-Flugzeuge sind daher von besonderem Interesse.

Zu den möglichen Energieträgern der Luftfahrt gehören strombasiert hergestellter synthetischer Kraftstoff, auch als e-Fuel bezeichnet, Flüssigwasserstoff (LH2), Methan, Ammoniak, flüssige organische Wasserstoffträger (LOHC) und Batterien. Einen Überblick gibt Tab. 1.1.

e-Fuel ist attraktiv, weil es bereits heutigen Flugzeugen ermöglichen würde, CO_2-neutral zu fliegen. Allerdings zu deutlich höheren Kosten und mit hohem Primärenergieeinsatz.

LH2 ist bezogen auf die gravimetrische Energiedichte 2/3 leichter als Kerosin, benötigt das 4-fache Speichervolumen im Vergleich zu Kerosin, ist billiger und

Tab. 1.1 Mögliche Energieträger der Luftfahrt
Kosten Kerosin, e-Fuel, LH2, Methan [4], Kosten Ammoniak [5], Primärenergieeinsatz [1, 2], Batterie vol. E-Dichte [32], Batterie grav. E-Dichte [16, 62], Batterie Stromgestehungskosten [62]

	Vol. E-Dichte	Grav. E-Dichte	Kosten 2020	Kosten 2030	Kosten 2050	Primärenerg.-einsatz
	[kWh/l]	[kWh/kg]	[ct/kWh]			In/Out
Kerosin (incl. EUA)	9,7	11,9	5,7	7,4	10	
e-Fuel	9,7	11,9	40	35	28	2–5
LH2	2,36	33,3	22	19	16	1,35–2
Methan (flüssig)	4,42	10,8	29	29	23	1,72
Ammoniak (flüssig)	4,25	6,25	14–22	17–28	15–23	1,6–2
LOHC	2	2		14–25	12–20	1,35–2
Lithium-Batt. (Ziel)	0,35	0,5	7–11	5–8		1

braucht weniger Primärenergieeinsatz als e-Fuel, ist aber immer noch teurer als Kerosin.

Methan, Ammoniak, Dibenzyltoluol (LOHC) und Batterien kommen für die Luftfahrt im Mittel- bis Langstreckenbereich wegen ihrer volumetrischen wie auch gravimetrischen Energiedichte eher nicht infrage.

Eine besondere Herausforderung bei Verwendung von LH2 stellt das resultierende Zusatzgewicht aus Tank und Leitungssystem dar.

Für die Ariane 6 mit einer Einmalverwendung des Tanks hat Air Liquide Energies beispielsweise einen metallischen LH2-Tank entwickelt, der 28 to aufnimmt und 5,5 to wiegt [9]. Die effektive Speicherdichte beträgt damit 28 kWh/kg.

In einer DLR-Studie [102] wird für ein LH2-Füllgewicht von 781 kg bei einer Positionierung eines CFK-Tanks im Heck des Flugzeugs ein Gesamtsystemgewicht von 2432 kg angenommen. Die resultierende effektive Speicherdichte liegt mit 10,7 kWh/kg auf dem Niveau von Kerosin, aber das Mehrvolumen bleibt.

Die benötigten Mengen an (grünem) e-Fuel oder Wasserstoff werden neben den Gestehungskosten und verbleibenden Restemissionen eine besondere Herausforderung darstellen, da die Luftfahrt mit anderen Verbrauchern konkurriert [23].

Welcher Energieträger auch immer gewählt wird oder in der Zukunft verfügbar sein wird; es bleibt von entscheidender Bedeutung, den Energieverbrauch zu senken. Um dieses Ziel zu erreichen, gibt es zwei wesentliche Einflussgrößen: Die Gewichts- und die Luftwiderstandsreduktion.

1.2 Potenziale des Systemleichtbaus

Bezüglich möglicher Gewichtseinsparungen wird nach Primär- und Sekundärstruktur unterschieden (Abb. 1.1). Erstere beschreibt die tragende Struktur des Flugzeugs und muss daher besonders hohen Sicherheits- und Zulassungsanforderungen genügen. Für Primärstrukturen kommen überwiegend verbesserte Methoden des klassischen Leichtbaus zum Einsatz, aber auch passive Möglichkeiten des Systemleichtbaus für die Laminarhaltung. Gewichtseinsparungen bei Sekundärstrukturen und Kabinenelementen sowie aktive Systeme zur Laminarhaltung stehen im Fokus des Systemleichtbaus.

Die Primärstruktur eines typischen SMR-Flugzeugs (Flügel, Rumpf und Leitwerke) wiegt in heutiger metallischer Bauweise etwa 15 t. Es kann gezeigt werden, dass ein verbessertes Wissen über moderne Leichtbauwerkstoffe, ihre Kennwerte und neue Bauweisen eine Gewichtsreduktion von circa 20 % ermöglichen. Aus den Sekundärstrukturen, den Systemen und der Kabine (in Summe

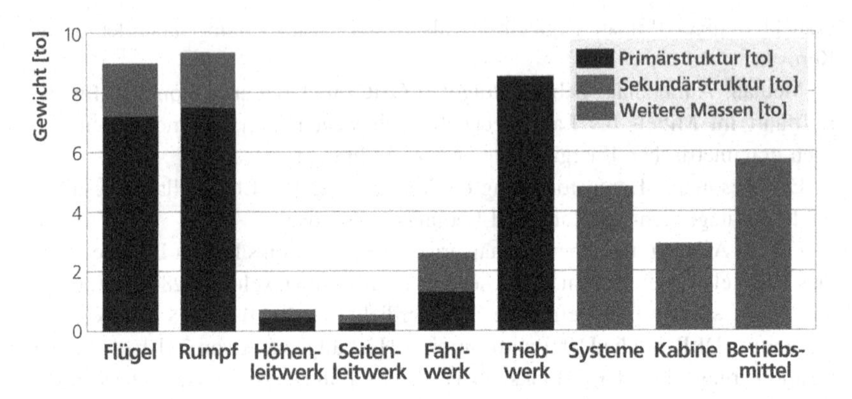

Abb. 1.1 Typische Gewichtsverteilung bei einem Kurz- und Mittelstreckenflugzeug (SMR-Flugzeug)

etwa 13 t) lassen sich mit dem Prinzip der Funktionsintegration des Systemleichtbaus weitere rund 10 % einsparen. Das Leergewicht eines SMR-Flugzeugs von 44 t (einschließlich der Fahrwerke, Triebwerke und Betriebsmittel) kann mit heutigem Stand des Wissens also um mindestens 4,3 t reduziert werden. Weitere Gewichtseinsparungsmöglichkeiten liegen in aktiven Flugsteuerungssystemen zur Lastminderung [95].

Für ein SMR-Flugzeug bedeutet die Reduktion des Abfluggewichts um eine Tonne bei einer Reiseflüglänge von 2000 nautischen Meilen nach Brequet [3] eine Treibstoffeinsparung von 171 L Kerosin oder e-Fuel. Flugzeuge dieser Klasse werden auf 60.000 Flugzyklen [11] ausgelegt. Durch die Reduktion des Abfluggewichtes werden damit im Laufe eines Flugzeuglebens 10,3 Mio. L Treibstoff eingespart. Dabei sind Zusatzeinsparungen aus dem reduzierten Treibstoffgewicht nicht berücksichtigt. Wird eine 100 %ige Verfügbarkeit von e-Fuel im Jahr 2050 und ein optimistischer Preis von 0,2 €/kWh [4] angenommen, so spart eine Tonne Abfluggewicht knapp 20 Mio. € während des Flugzeuglebens. Wird von einer weiteren Nutzung fossiler Treibstoffe ausgegangen, ergibt sich für das betrachtete Beispiel eine Einsparung von 25.800 t CO_2 und da der Preis für Kerosin bis 2050 durch höhere Gestehungskosten und Emissionszertifikate ebenfalls steigt, werden auch in diesem Fall mindestens 10 Mio. € eingespart.

Einen wesentlichen Anteil an der Minimierung des Energieverbrauchs künftiger Flugzeuge leistet der Systemleichtbau im Zusammenwirken mit der Aerodynamik bei der Reduktion des Reibungswiderstands. Durch die Vermeidung von

Welligkeiten und Kanten der umströmten Struktur wird die natürliche Laminarhaltung (Natural Laminar Flow: NLF) auf maximaler Lauflänge über das Profil ermöglicht und mithilfe der Absaugung von Grenzschichtwirbeln und variablen Steuerung der Strömungsablösung an Auftriebsflächen und Rumpf die aktive Laminarhaltung (Laminar Flow Control: LFC) unterstützt.

Eine Erhöhung der Gleitzahl um 1 % führt nach Brequet über das Leben eines SMR-Flugzeugs bei oben genannten Annahmen zu einer Treibstoffeinsparung von 9 Mio. L Treibstoff und für e-Fuel zu einer Betriebskosteneinsparung von 18 Mio. €.

Wird mangels Verfügbarkeit von e-Fuel doch Kerosin genutzt, würde die Verbesserung der Gleitzahl um 1 % rund 22.500 t CO_2 einsparen und die Betriebskosten um 9 Mio. € senken.

Es versteht sich, dass auch die Kosten für die Herstellung von Leichtbaustrukturen des Flugzeugbaus in Grenzen gehalten werden müssen. Auch hier bieten Entwicklungen des Systemleichtbaus auf dem Gebiet der Fertigungstechnologien und Qualitätssicherung deutliches Einsparungspotential; oft nicht gegen, sondern mit gleichzeitigen Gewichtseinsparungen.

1.3 Der Leichtbauwerkstoff CFK

Eine Möglichkeit des Systemleichtbaus ist die Substitution von Werkstoffen in Richtung höherer struktureller Leistungsfähigkeit. Insbesondere der Einsatz von CFK bietet großes Potenzial bezüglich

- des Gewichts, aufgrund der guten spezifischen Festigkeit und Steifigkeit,
- der Funktionsintegration, aufgrund des inhärenten Zusammenführens mehrerer Werkstoffkomponenten,
- der Laminarhaltung, aufgrund von Möglichkeiten der stufen- und spaltfreien Integralbauweise.

Faserverbunde (FV) aus CFK zeichnen sich durch die höchsten (gewichts-) spezifischen Festigkeiten und Steifigkeiten aus, siehe Abb. 1.2. Dieser Umstand, verbunden mit der Korrosionsbeständigkeit und sehr hohen Ermüdungsfestigkeit, hat bei Zivilflugzeugen der letzten Generationen zu einer Steigerung des Anteils von CFK auf etwa 50 % an der Primärstruktur geführt.

Wären alleine Festigkeit und Steifigkeit für eine Flugzeugstruktur bestimmend, würden CFK-Strukturen bei gleicher Tragfähigkeit nur 20 % einer vergleichbaren Leichtmetallstruktur wiegen. Dieses sehr hohe Leichtbaupotential kann

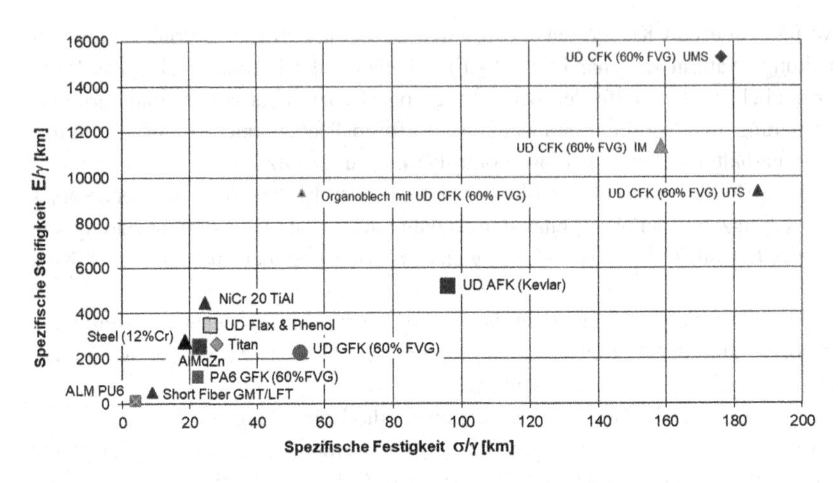

Abb. 1.2 Vergleich der spezifischen Festigkeit (Reißlänge) und spezifischen Steifigkeit (Dehnlänge) verschiedener Leichtbauwerkstoffe

aber aus vielen Gründen nicht annähernd ausgeschöpft werden. Vorrangig ist die fehlende Plastizität, durch die sich optisch bei Metallen eine Beschädigung gut erkennen lässt, dafür verantwortlich. CFK-Strukturen neigen bei Stoßbelastung zu optisch nicht sichtbaren Delaminationen im Harzbereich, die die Tragfähigkeit insbesondere bei Druck- und Schubbelastung reduzieren. Daher werden Kennwerte oft weit unterhalb der theoretisch möglichen Materialeigenschaften angesetzt (Abschn. 2.2). Eine weitere wesentliche Schwierigkeit liegt in der nicht faserverbundgerechten Bauweise heutiger Flugzeugstrukturen. So schränken die gegenwärtigen Lufttüchtigkeitsanforderungen die Zulassung von Sandwich-Bauweisen in der Primärstruktur (Abschn. 2.3) und strukturelle Klebungen (Abschn. 2.4) stark ein.

Diese und weitere Einschränkungen in der Nutzung von CFK aufzuheben ist von großer Bedeutung für künftige Leichtbaustrukturen. Ergebnisse aus der Forschung zeigen, dass hier wesentliche Fortschritte möglich sind.

Die Nutzung von CFK in Flügelstrukturen ist inzwischen die Regel. Die Anwendung in Rumpfstrukturen ist dagegen noch nicht etabliert, da sich gezeigt hat, dass der Gewichtsvorteil u. a. aus den oben genannten Gründen nicht so hoch ist, wie zunächst prognostiziert und die Kosten der Fertigung deutlich höher sind, als die vergleichbarer metallischer Strukturen. Daher sind hier weitergehende Möglichkeiten zur Kostenreduktion in der Fertigung zu entwickeln und verfügbar zu machen.

Mitunter wird darauf hingewiesen, dass die Herstellung von CFK-Strukturen deutlich energieintensiver ist, als die von metallischen Leichtbauwerkstoffen [25]. Allerdings zeigen Lebenszyklus-Analysen (LCA), dass im Flugzeug zwischen 0,1 % (LR-Flugzeug) bis 0,2 % (SMR-Flugzeug) des gesamten CO_2-Footprint auf die Produktion entfallen [53, 111]. Damit ist im Flugzeugbau der Einsatz von CFK infolge der Energieeinsparungen über das Gesamtflugzeugleben auch aus ökologischen Gründen von Vorteil.

1.4 Die Systematik des Systemleichtbaus

Faserverbunde gehören zur Klasse der generativen Werkstoffe, deren mechanische Eigenschaften erst im Herstellungsprozess der Bauteile aus unterschiedlichen Halbzeugen entstehen. Kennzeichnend ist eine Wechselwirkung zwischen Materialien, Simulationswerkzeugen, Bauweisen, Methoden der Fertigung, der Integration von Funktionen sowie der Umsetzung im industriellen Maßstab. Neue Berechnungsmethoden ermöglichen neue Bauweisen und neue Fertigungstechnologien den Einsatz neuer Werkstoffe. Einzelerkenntnisse lassen sich ganz unterschiedlich kombinieren, um leichtere, widerstandsreduzierte, kostengünstigere und wartungsfreundlichere Flugzeugstrukturen zu realisieren. Im Systemleichtbau können auch zunächst unscheinbare Erkenntnisse auf dem Weg in die Flugzeugstruktur große Wirkung entfalten.

Für ein Verständnis, worauf sich die Potentialeinschätzungen zu Gewichtseinsparung und Widerstandsreduktion des Systemleichtbaus gründen, ist ein Blick auf die Prozesskette und beispielhafte Forschungsergebnisse der Teilgebiete hilfreich. Hierbei ergeben sich unterschiedlichste Optionen für die Luftfahrtindustrie entlang der ganzen Wertschöpfungskette des Flugzeugbaus. In der Prozesskette, Abb. 1.3, nutzt die Adaptronik die Potenziale der Funktionsintegration aus systemischer Sicht.

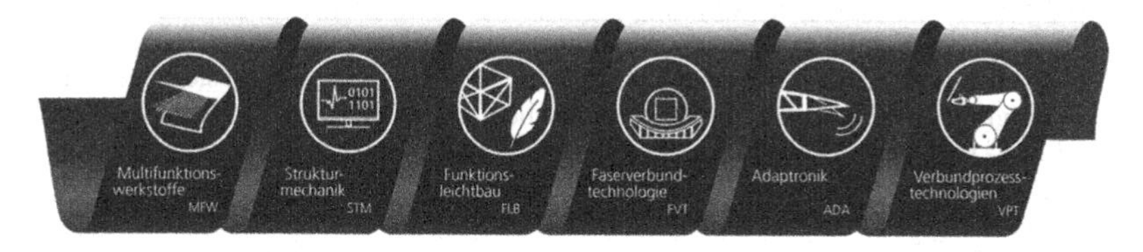

Abb. 1.3 Prozesskette des Systemleichtbaus

Auch wenn die Ausführungen der folgenden Kapitel es anstreben; nicht alle hier beschriebenen Forschungsergebnisse sind in ihrer Wirkung auf Gewicht, Fertigungskosten oder Strömungswiderstand direkt zu quantifizieren, weil sie beispielsweise unterschiedliche Wirkungen entfalten im Zusammenspiel mit verschiedenen Flugzeugkonzepten und Bauweisen, aber auch Halbzeugen oder Fertigungstechnologien.

Die Beispiele sind in 3 Hauptkapiteln zusammengefasst:

- Beiträge aus dem klassischen Leichtbau
- Systemleichtbau mit Integration passiver Funktionen
- Systemleichtbau mit Integration aktiver Funktionen.

Die meisten in den nächsten Kapiteln berichteten Ergebnisse weisen auf Potenziale hin, die bisher noch nicht umgesetzt wurden. Die ausgewählten Beispiele entstammen nahezu alle den Forschungsarbeiten der letzten 15 Jahre, die am DLR-Institut für Faserverbundleichtbau und Adaptronik (ab 2023 DLR-Institut für Systemleichtbau) gemeinsam mit Partnern durchgeführt wurden. Eine Vielzahl weiterer Forschungsergebnisse des Systemleichtbaus finden sich z. B. in [6].

Die in den Beispielen adressierten technologischen Themenfelder sind in den folgenden Kapiteln zur besseren Auffindbarkeit durch eine **graue Hinterlegung** hervorgehoben.

2 Klassischer Leichtbau

Entlang der Prozesskette, Abb. 1.3, leisten neue Materialien, bessere Materialkennwerte, verbesserte und genauere Auslegungsmethoden, neue Bauweisen, neue Fügetechnologien, effizientere Produktionstechnologien und neue automatisierte Qualitätssicherungsverfahren vielfältige Beiträge zu einem optimierten und kostengünstigeren Leichtbau. Grundlage sind kohlenstofffaserverstärkte Kunststoffe (CFK), Abschn. 1.3, deren Leichtbaupotential sich mit den im Folgenden beispielhaft zitierten Forschungsergebnissen sehr viel umfangreicher nutzen lässt.

2.1 Neue Materialhybride und Halbzeuge

Die Entwicklung neuer Leichtbauwerkstoffe ist von starker Dynamik geprägt. Es gibt aktuell in Deutschland eine Vielzahl von Wissensplattformen sowie Forschungsprogrammen in der Werkstoffentwicklung. Die Potenziale sind vielfältig, wie die folgenden Beispiele zeigen, aber nur ausreichend hohe Vorteile rechtfertigen die im Flugzeugbau erforderlichen und umfangreichen Qualifizierungsaufwände vor der Einführung in Primärstrukturen.

Materialhybride sind eine Kombination unterschiedlicher Werkstoffklassen. Als Werkstoffklassen werden hier Metalle, Faserverbunde und unterschiedliche Kunststoffe bezeichnet. Hybride befinden sich mehr im Leistungsbereich der Metalle (vergleiche Abb. 1.2), können aber durch die Kombination ihrer Eigenschaften in vielen Anwendungen, wo Festigkeit und Steifigkeit nicht dimensionierend sind, vorteilhaft sein.

Faser-Metall-Laminate (FML, Abb. 2.1) nutzen die spezifischen Eigenschaften der Metalle (Isotropie, Duktilität, elektrische Leitfähigkeit) in Kombination mit denen der Fasern (hohe Festigkeit und Steifigkeit, keine Ermüdung, keine Korrosion). Bekanntestes Faser-Metall-Laminat ist das in der A380 eingesetzte

M. Wiedemann, *Systemleichtbau für die Luftfahrt*, essentials,
https://doi.org/10.1007/978-3-658-38480-7_2

Abb. 2.1 Aufbau eines Faser-Metall-Laminats

GLARE (Glasfaserlagen mit Aluminiumfolien), entwickelt für eine Erhöhung der Ermüdungs- und Restfestigkeit von Aluminium. FML weisen aber noch viele weitere Vorteile für den Leichtbau auf.

Für CFK-Zugproben mit eingelegten Titan-Folien lässt sich eine bis zu 30 % höhere Lochleibungsfestigkeit gegenüber einem reinen CFK-Laminat nachweisen [24] und mit eingelegten Stahlfolien eine um 15 % erhöhte Festigkeit gegen Druckbelastung nach Impact (CAI) [104]. Werden metallische Folien in den Außenlagen eines Laminats eingebracht, kann eine um 50 % erhöhte massenspezifische Energieaufnahme nachgewiesen werden [21].

Weitere Einsatzmöglichkeiten von Faser-Metall-Hybriden werden in Abschn. 3.2 dargestellt.

Eine Hybridisierung von FV ist auch mit Elastomeren (Ethylen-Propylen-Dien-Monomer: EPDM) möglich und für unterschiedliche Anwendungen sinnvoll. Ein FML mit Absorberlagen aus EPDM weist gegenüber reinem CFK-Laminat eine bis zu 35 % kleinere Delaminationsfläche bei Impact auf [29, 30]. Außerdem sind Elastomer-GFK-Hybride sehr effektiv im Bereich der Formvariabilität (Morphing), Abschn. 4.2.

Matrixmodifikationen verbessern die Eigenschaften z. B. von Epoxidharzen. Um matrixbasierte Versagensmechanismen im FV wie Risswachstum und Delaminationen zu minimieren, wird das Harz mit Nanopartikeln versetzt. Grundsätzlich gilt: Je kleiner die Partikel, umso größer die spezifische Fläche und umso besser die Bruchzähigkeit und die Energiefreisetzungsrate. Auch weitere mechanische Eigenschaften lassen sich mit Nanopartikeln positiv beeinflussen.

So können Boehmite (Aluminiumhydroxid) die Bruchzähigkeit eines Epoxidharzes um 39 % und die Energiefreisetzungsrate um 66 % sowie die Steifigkeit des Harzes um 17 % erhöhen [54]. Mineralische Nanopartikel mit 30 % Füllgehalt erhöhen die Wärmeleitfähigkeit um bis zu 40 % und reduzieren die Brandausbreitungsgeschwindigkeit auf ein Drittel [65]. Taurinmodifizierte Böhmite mit 15 % Füllgehalt verbessern neben E-Modul, Bruchzähigkeit und Energiefreisetzungsrate auch das Ermüdungsverhalten des Harzes [73].

Dünnschichtlaminate (thin ply laminates) lassen sich durch spezielle Spreiztechnologie mit Flächengewichten von 20 g/m^2 bis 100 g/m^2 herstellen im Vergleich zu Standard-Laminaten mit 160 g/m^2 bis 600 g/m^2 (Abb. 2.2). Couponproben weisen bessere mechanische Kennwerte, besseres Ermüdungsverhalten und kleinere Delaminationsflächen auf [13] sowie einen erhöhten Widerstand gegen Rissbildung [96]. Auch aus Dünnschichtlaminaten hergestellte Omega-Stringer weisen deutlich kleinere Delaminationen auf als solche aus Standardlaminaten [22]. Einen guten Überblick über die Potenziale von Dünnschichtlaminaten und die Herausforderungen ihrer Verarbeitung gibt [86].

Hochtemperatur-CFK-Materialien bieten den Vorteil einer Lasttragfähigkeit auch bei erhöhten Temperaturen, wodurch schwerere Schutzmaterialien eingespart werden können.

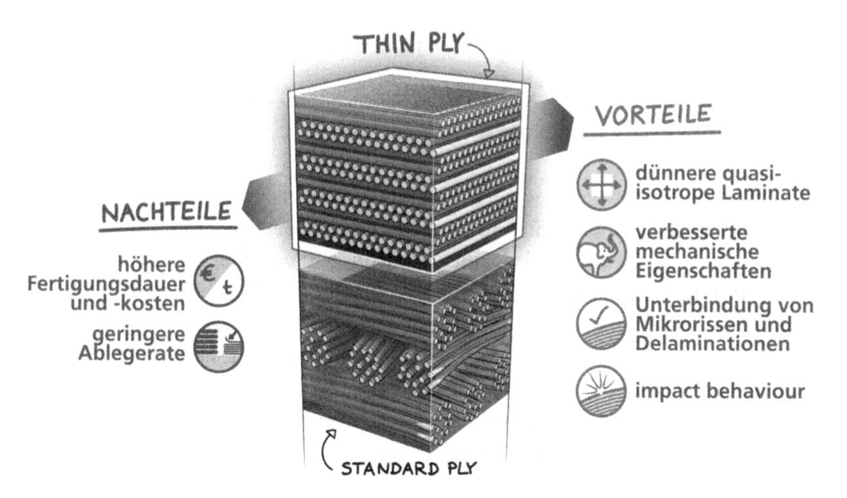

Abb. 2.2 Dünnschichtlaminate – Vor- und Nachteile

Studien im Rahmen eines EU-Projekts versprechen bis zu 15 % Gewichts- und bis zu 17 % Kostenreduktionspotential und geben eine Auswahl möglicher Matrixsysteme [119]. Berechnungen zeigen, dass eine versteifte CFK-Schale mit herkömmlicher Epoxid-Matrix unter Axialdruck bei 210 °C noch 53 % der Last trägt im Vergleich zur Schale bei Raumtemperatur [70].

Langfaserverstärkte Kunststoffe haben verglichen mit endlosfaserverstärkten Kunststoffen ein geringeres Leichtbaupotential, können für Sekundärstruktur- oder Kabinenanwendungen (vergl. Abb. 1.1) aber hinsichtlich ihrer Steifigkeit durch Ausrichtung der Langfasern (bis 25 mm Länge) gut eingestellt werden. Je länger die Fasern, umso besser die Lastübertragung zwischen Fasern durch das Matrixmaterial. Am Beispiel von Langfaser-GFK lässt sich zeigen, dass bei gleicher Orientierung und gleichem Faservolumengehalt (FVG) auch 50 % der Steifigkeit erzielbar sind [63] im Vergleich zu einem Verbund mit Endlosfasern.

Rezyklate und Naturfasern gewinnen zunehmend an Bedeutung in Sekundärstrukturen des Flugzeugbaus. Aktuell werden recycelte Kohlenstofffasern (rCF) oder Verschnitt aus der Fertigung in unterschiedlichen Anwendungen eingesetzt. Es handelt sich um Langfasern, die zumeist in Form von Vliesen mit einem eher geringen FVG von ca. 30 % verarbeitet werden. Sie erlauben auch die Beimengung von Naturfasern. Verbunde aus rCF-Vliesen und Epoxid-Matrix mit 30 % FVG weisen etwa 170 % der spezifischen Festigkeit und 70 % der spezifischen Steifigkeit von Leichtbaualuminium (AlMgZn) auf [15]. Reine Sisalfasern zeigen bis zu 22 GPa Steifigkeit und ein Verbund mit 30 % FVG aus 75 % Flachsfasern und 25 % rCF eine Steifigkeit von 12 GPa. Diese und weitere Ergebnisse wurden im EU-China-Projekt ECO-Compass jüngst erarbeitet [14].

2.2 Bessere Kennwerte

Abhängig von Kennwerten werden Strukturen gegen Versagen dimensioniert. Kennwerte sind oft nicht die an Proben gemessenen mechanischen Eigenschaften eines Werkstoffs oder einer Bauweise (Festigkeit, Steifigkeit etc.), sondern resultieren aus einer Multiplikation derselben mit Knock-Down-Faktoren (KDF < 1). Ein KDF kompensiert Unsicherheiten in der Beschreibung eines Versagensmechanismus, einer Belastung oder von Fertigungsabweichungen. Oft wird eine mechanische Eigenschaft mit mehreren KDF multipliziert. Für künftige Gewichtseinsparungen müssen genauere und zuverlässige Berechnungsmethoden für Versagensmechanismen und neue Methoden der Qualitätssicherung in der Fertigung entwickelt werden.

Kennwerte für die Längsdruckbelastung einer FV-Schale nach einem Schlag auf die Oberfläche (Compression After Impact – **CAI-Kennwerte**) machen Leichtbaupotentiale hoch performanter CFK-Halbzeuge oft zunichte. Der Grund sind mögliche Delaminationen infolge des Impacts, die mangels Plastizität optisch nicht erkennbar sind. Ergebnisse einfacher CAI-Couponversuche werden heute direkt auf eine Realstruktur übertragen. Schalen reagieren auf Impact jedoch unterschiedlich: Wird eine dünne Schale mittig zwischen Längs- und Querversteifungen getroffen, so wird ein Teil der Energie elastisch kompensiert und geht nicht in Schädigung (Delamination) über; trifft der Impact dagegen eine rückseitig gestützte Schale, ist der Schaden viel größer. Heutige CAI-Couponversuche berücksichtigen diese Varianz nicht. Der elastische Energieanteil eines Impacts kann mit neuen Methoden bestimmt und bezüglich der CAI-Kennwerte differenziert werden und erlaubt so effektive Gewichtseinsparungen [19].

Auf der Basis einfacher Berechnungsansätze können differenzierte Auslegungen gegen Schlagschäden bereits auf Vorentwurfsebene erfolgen. Ein Überblick über die bekannten Ansätze zur Berücksichtigung von Schlagschäden auf FV-Schalen und Empfehlungen zur einfachen Anwendung sind in [20] zu finden.

Die **Ermüdungsfestigkeit** von FV ist deutlich besser als die von Metallen, aber der Nachweis für ein ganzes Flugzeugleben ist nicht einfach zu erbringen. Um die Ermüdungsfestigkeiten eines FV zu untersuchen, sind resonante Prüfverfahren erforderlich, die mit einer hohen Frequenz in vertretbarer Zeit eine Lastwechselzahl $>10^7$ realisieren. Die Prüfkörper müssen geeignet gewählt werden, um unrealistische Randeffekte zu vermeiden und eine Kühlung der Proben auf eine Konstant-Temperatur ist zu gewährleisten. Für einen GFK-Epoxid-Verbund wurde in einem resonanten Prüfverfahren für ein Dehnungsniveau von 1700 $\mu\varepsilon$ die Ermüdungsfestigkeit bis $2 \cdot 10^7$ Lastwechsel nachgewiesen [72].

Die **zulässigen Dehnungen von FV** werden wegen der schlechten Erkennbarkeit von Schäden aktuell durch KDF eingeschränkt. SHM-Systeme (Structure-Health-Monitoring) machen unsichtbare Schäden in der Struktur detektierbar, Abb. 2.3. Piezokeramiken können geführte (durch die Oberflächen der Struktur begrenzte) Ultraschallwellen flächig aussenden und empfangen. Diese interagieren zum Beispiel mit Ablösungen oder Delaminationen. Durch den SOLL-IST-Vergleich der Sensorsignale können Schäden detektiert und lokalisiert werden. Dank solcher Systeme können die KDF für zulässige Dehnungen von FV heraufgesetzt und die Struktur kann dünner gebaut werden. Gewichtseinsparungen von mindestens 5 % konnten am Beispiel eines Seitenleitwerks unter Berücksichtigung des SHM-Systemgewichts nachgewiesen werden [27].

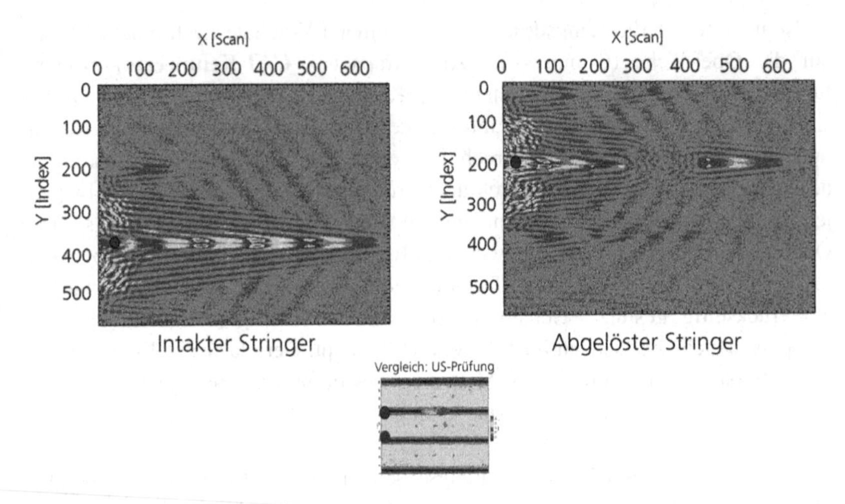

Abb. 2.3 Wirkung geführter Ultraschallwellen zur Schadensdetektion

2.3 Neue Bauweisen

Um mit CFK leichter zu bauen, sind faserverbundgerechte Bauweisen erforderlich. Dazu gehören eine lastgerechte Faserorientierung, die Nutzung der Anisotropie eines Laminataufbaus und die Einsatzmöglichkeiten der Klebetechnologien auch für Primärstrukturen. Die Vorteile der fertigungsbedingten Integrationsmöglichkeiten und der relativ freien Formgebung sollten bereits im Entwurf Berücksichtigung finden. Praktisch gibt es einige Herausforderungen in der Umsetzung und im Einsatz solcher Bauweisen. Hier lohnt es sich, mit Blick auf die Weiterentwicklung von Berechnungswerkzeugen und Fertigungstechnologien (Digitalisierung), bereits bekannte Konzepte neu zu bewerten.

Eine **faserverbundgerechte Bauweise** spart Gewicht und Herstellungskosten. Eine Übersicht über Anforderungen und verschiedene FV-Rumpfkonzepte wurde in einem LuFo-Projekt (Luftfahrtforschungsprogramm) entwickelt. So kann beispielsweise ein Sandwich(SW)-Hautschalen-Konzept mit integrierten Längsnaht-Stringern und durchgehenden Spanten bis zu 30 % gegenüber einem heutigen A320-Rumpf einsparen, Abb. 2.4. Wird – in einem anderen Konzept – der Frachtraum außerhalb der durch Innendruck beaufschlagten Kabine angeordnet, so ergibt sich ein Potential von 25 % Gewichtseinsparung gegenüber einer A320 [61].

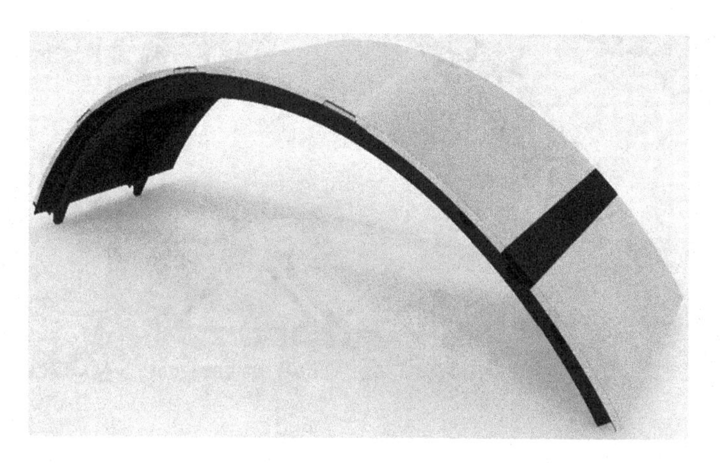

Abb. 2.4 Integrales Rumpfsegment bestehend aus Längsträgern (Longerons) und Sandwichfeldern

Die **Umgebungsstruktur einer Passagiertür** in einem Flugzeugrumpf ist wegen der Stützung des großen Ausschnitts gegen Schubverformungen und der Aufnahme lokal konzentrierter Lasten aus den Türbeschlägen schwer und wegen des komplexen Aufbaus auch teuer. Im 7. Rahmenprogramm der EU wurden im Projekt MAAXIMUS [47] neue Möglichkeiten einer faserverbundgerechten, hochintegralen Türrahmenstruktur (Door-Surround-Structure: DSS) untersucht. Konstruktiv lassen sich hinsichtlich der Schubversteifung wie auch der Hautaufdickung in den Rahmenecken erhebliche Gewichtseinsparungen erzielen [116].

Es wurde auch eine integrale Bauweise entwickelt, die die Kosten im Zusammenbau eines Türrahmens effektiv zu reduzieren erlaubt [60].

Ultra-Leichtbau für spezielle Anwendungen, zum Beispiel hochfliegende, unbemannte Kommunikationsplattformen, zeigt die Grenzen des Machbaren auf. Für eine hochfliegende Plattform mit maximalem Abfluggewicht (MTOW) von 135 kg und einer Spannweite von 30 m ist eine Konstruktion aus gewickelten Holmen und profilgebenden Sandwichrippen sowie einer Bespannung mit einem Flächengewicht der Flügel von 0,9 kg/m^2 möglich, Abb. 2.5, [114].

Abb. 2.5 Ultraleichte Flügelstruktur einer hochfliegenden Plattform

2.4 Neue Fügetechnologien

Der Fügung von Faserverbundbauteilen gebührt im Leichtbau besondere Beachtung. So stellen prozessinduzierte Verformungen eine Herausforderung dar: Bei einer strukturellen Klebung müssen Fügepartner über die ganze Kontaktfläche zueinander passgenau sein. Wird genietet, resultieren Zusatzgewicht und Zusatzkosten. Die CFK-Schalen müssen im Bereich der Bohrlöcher wegen geringer Lochlaibung mit Zusatzlagen konstruiert werden. Geringe Standzeiten von Bohrwerkzeugen und die wegen Korrosionsbeständigkeit notwendigen Titan-Niete erhöhen die Kosten.

Bei profilartigen Bauteilen mit winkeligen Querschnitten kommt es während der Aushärtung zu **prozessinduzierten Deformationen** (PID), dem Spring-In, Abb. 2.6, und bei flächigen Laminaten zu einer Verwölbung. Eine Berechnung dieser aus dem Thermalschrumpf der Matrix resultierenden Verformungen erlaubt die Kompensation im Formwerkzeug. Verbleibende Eigenspannungen (**prozessinduzierte Spannungen** – PIS) können mit der Analyse des Aushärteverhaltens und einer geeigneten Temperaturführung minimiert werden.

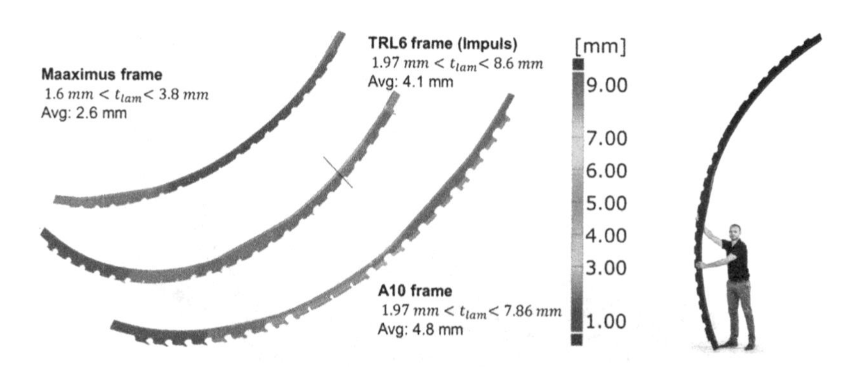

Abb. 2.6 Spantprofile eines Flugzeugrumpfes ohne und mit PID-Kompensation

Effiziente Simulationsverfahren zur präzisen Soll-Kontur-Einstellung, basierend auf Versuchen repräsentativer Kleinproben (Coupons) sind verfügbar [56] und am Beispiel einer komplexen CFK-Struktur (Abb. 2.6) für die Kompensation der PID validiert [55]. Auch die Wirkung der Streuungen der Prozessparameter auf PID und PIS lassen sich bestimmen [69].

Strukturelles Kleben ist für Primärstrukturen im Flugzeugbau bis heute nur eingeschränkt möglich, da sich Defekte in der Klebung mit zerstörungsfreien Testmethoden (NDT) nicht entdecken lassen. Die Zulassungsvorschriften (Acceptable Means of Compliance: AMC) der Luftfahrtbehörde EASA (AMC 20–29) [31] fordern für die Zertifizierung einer Klebung eine durch Tests substantiierte Nachweisführung für alle Belastungsarten und eine eindeutige und individuelle Prüfung jeder Klebung gegen Schwächung (weak bonds). Eine prozesssichere und zulassungsfähige strukturelle Klebung, basierend auf einer speziellen Oberflächenaktivierung (Fused Bonding) und einer Prüftechnologie für die Klebung (Bondline-Control-Technology: BCT) [43], ist inzwischen für den Zusammenbau von Primärstrukturen entwickelt worden [42] und in einem YouTube-Video anschaulich beschrieben [44]. Dieses Verfahren erlaubt auch die Klebung von metallischen Strukturen (Abb. 2.7).

Reparaturklebungen unterliegen erhöhten Anforderungen, da sie oftmals unter eingeschränkt kontrollierbaren Bedingungen ausgeführt werden müssen. Um Klebereparaturen zu ermöglichen, sind inzwischen mehrere Verfahren verfügbar.

Eine prozesssichere Klebereparatur ist mit der BCT unter Einsatz von metallischen Geweben zur Prüfung der Klebevorbehandlung möglich [43]. Eine hybride

Abb. 2.7 Fused Bonding – Detailansicht des Schälvorgangs der Aktivierungsfolie

Klebverbindung aus Epoxid mit Thermoplast als rissstoppender Phase unterbindet die Ausbreitung einer Delamination bei Dehnungen bis 5000 $\mu\varepsilon$ [71].

2.5 Neue Fertigungstechnologien

Dieses Kapitel beschreibt neue Fertigungstechnologien, die die genaue und kostengünstige Realisierung neuer Leichtbaustrukturen ermöglichen.

Die Ablage von Endlosfasern in flächigen Bauteilen erfolgt durch automatisierte Tape(ATL)- oder Fiberplacement(AFP)-Verfahren mit vorimprägnierten Faserlagen (Prepregs) oder in Trockenablage mit anschließender Harzinfusion (LCM). AFP mit schmalen Faserbändern erlaubt die Ablage von Radien. Für komplexe linienförmige Bauteile in Profilform mit veränderlichen Querschnitten wird meist die Trockenablage textiler Halbzeuge mit Injektion in geschlossenen Formwerkzeugen (Resin-Transfer-Moulding: RTM) angewandt. Des Weiteren sind Pultrusions- und Wickelverfahren im Einsatz.

Die Tränkung erfolgt bei trocken abgelegten Fasern durch verschiedene Varianten der Infusion bzw. Injektion [49].

Unterschiedliche Kompaktierungsverfahren (reiner Umgebungsdruck, Formwerkzeug, Autoklav) dienen der Erzeugung eines definierten Faservolumengehalts (FVG). Bis ca. 65 % FVG ist eine vollständige Durchtränkung und Umschließung der Faserfilamente mit Harz möglich.

Fertigungskosten werden beeinflusst durch die Effizienz der Faserablage, durch den Umgang mit oder besser die Vermeidung von Fertigungsabweichungen sowie die Minimierung des Verbrauchs von Hilfsstoffen und eingesetzter Energie.

Einen guten Überblick über den aktuellen Stand von effizienten und kostensparenden CFK-Fertigungstechnologien gibt der Projektbericht EFFEKT (LuFo V-2) [58].

Die **RTM-Technologien** (Abb. 2.8) bieten hohes Automatisierungspotentzial und viele Vorteile bei der Fertigung komplexer Bauteile. Sie können direkt aus der festen Werkzeugkavität entnommen werden, ohne zeit- und kostenaufwendige Nachbearbeitung, wie z. B. Kantenversiegelung. Eine isotherme Prozessführung erlaubt die Minimierung des erforderlichen Energieeinsatzes und die Verwendung von Formwerkzeugmetallen, deren thermischer Ausdehnungskoeffizient nicht minimiert sein muss, wie bei teuren INVAR-Stählen.

Eine Übersicht über neue Teiltechnologien für die effiziente Anwendung des RTM und Vorteile im Zusammenspiel mit Industrie 4.0 wird in [115] gegeben.

Flexible Fertigungskonzepte und hohe Automatisierungsgrade in der Nutzung der RTM-Technologie auch für geringe Stückzahlen sind ebenfalls erprobt [108].

Eine Prozesszeitreduktion von 60 % durch isotherme Prozessführung und weitere Vorteile wurden anhand der Fertigung von Rumpfspant-Segmenten nachgewiesen [94].

Um die Faserablage in Luftfahrt-Toleranzen (0,1 mm maximaler Spalt zwischen abgelegten Faserbändern) sicherzustellen, werden heute zumeist steife Portalanlagen eingesetzt, bei denen ein AFP- oder ein ATL-Ablegekopf auf liegenden Formwerkzeugen Fasermaterial ablegt. Die Ablegerate liegt wegen Materialspeicherwechseln, Qualitätskontrollen und der Behebung von Ablegefehlern gegenwärtig bei etwa 10 kg/h (AFP) bis 20 kg/h (ATL).

Die geforderten Toleranzen lassen sich auch mit Robotern realisieren. Eine solche Anlage mit 8 mobilen und koordinierten Robotereinheiten, die auf einem Schienensystem angeordnet in senkrecht stehenden Formwerkzeugen Fasern ablegt, erhöht die Ablegerate deutlich und spart Platz. Eine Demonstratoranlage wurde in Stade im Jahr 2013 errichtet, Abb. 2.9, [7]. Besondere Merkmale sind neben der Vertikalablage die Parallelarbeit mehrerer Roboter an einem Bauteil, die unterbrechungsfreie Weiterarbeit durch Aufgabenübertragung bei Ausphasung einzelner Roboter (beispielsweise für den Wechsel der Materialspeicher),

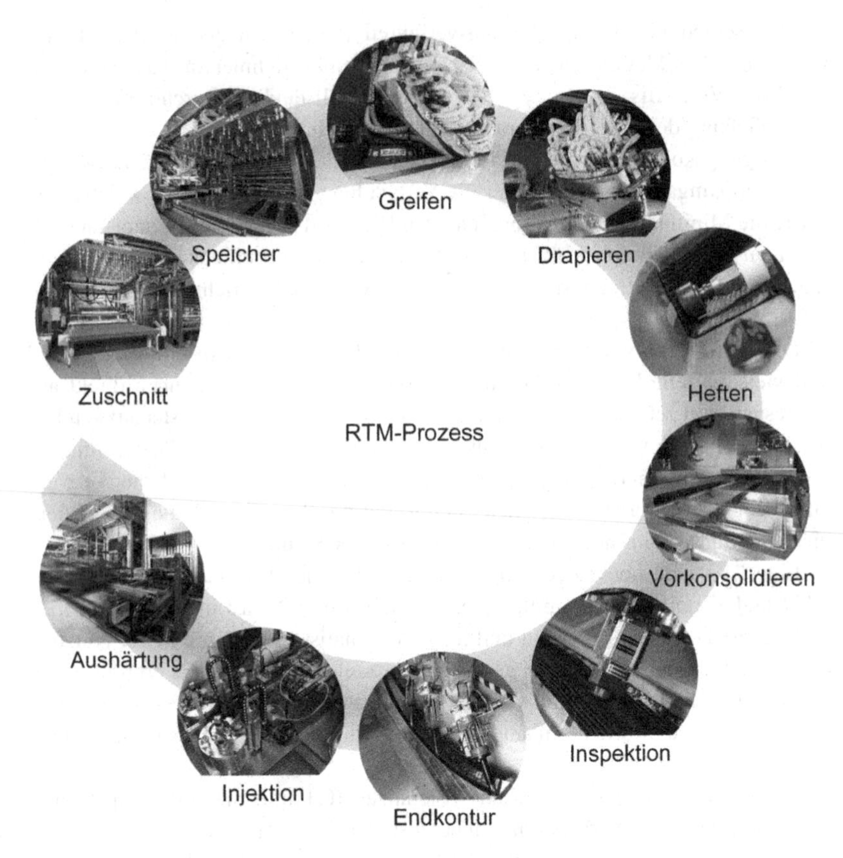

Abb. 2.8 RTM-Technologien – Prozesskette mit Einzelprozessen

eine Online-Qualitätssicherung und die kollisionsfreie und ereignisgesteuerte Anlagenregelung.

Das Konzept dieser **Multi-Roboter-Anlage** mit einer Ablegerate von 150 kg/h wird in [64] beschrieben.

Mit einer zweiten, parallelen Ablegeeinheit lassen sich bereits 30 % höhere Ablegeraten erzielen [26].

Wesentlich ist die Bahnplanung und kollisionsfreie Verteilung der Arbeitsaufträge an die einzelnen Roboter [98]. Die multi-robotische Faserablage in Aktion ist hier zu sehen: [120].

Abb. 2.9 Anlage zur multi-robotischen Endlosfaserablage am DLR Stade

Das Faser-Metall-Hybrid GLARE wurde bereits genannt (Abschn. 2.1). Für eine Senkung der Fertigungskosten und -zeiten ist eine **Automatisierung der GLARE-Fertigung** entwickelt worden. Schichtweise werden Glasfaser-UD-Lagen durch Roboter in korrekter Winkellage positioniert, dünne Aluminiumfolien von bis zu 1,3 m Breite und 2 m Länge sowie Klebefilme faltenfrei und positionsgenau abgelegt und gemeinsam mit gehefteten Stringern im Autoklav konsolidiert. Die Produktionsrate konnte um den Faktor 5 gesteigert werden [110].

Für die fehlerfreie Durchtränkung (keine Lufteinschlüsse) ist das Harz durch geeignete Angusskanäle in das FV-Bauteil einzuleiten. Streuungen in der Permeabilität der trocken abgelegten Fasern haben zur Folge, dass sich die Fließfront bauteilindividuell entwickelt. Die Infusion sollte daher idealerweise sensorgeregelt (Abschn. 2.6) erfolgen nach festgestellter Harzfrontentwicklung, d. h. die Harzkanäle sollten „schaltbar" sein. Gleichzeitig ist es gewünscht, Kosten und Abfall zu vermeiden und solche schaltbaren Kanäle für die Tränkung vieler Bauteile wiederholt einzusetzen. Das **Vakuumdifferenzdruckverfahren** (Abb. 2.10) erlaubt die selektive Aktivierung wiederverwendbarer Verteilungskanäle ohne

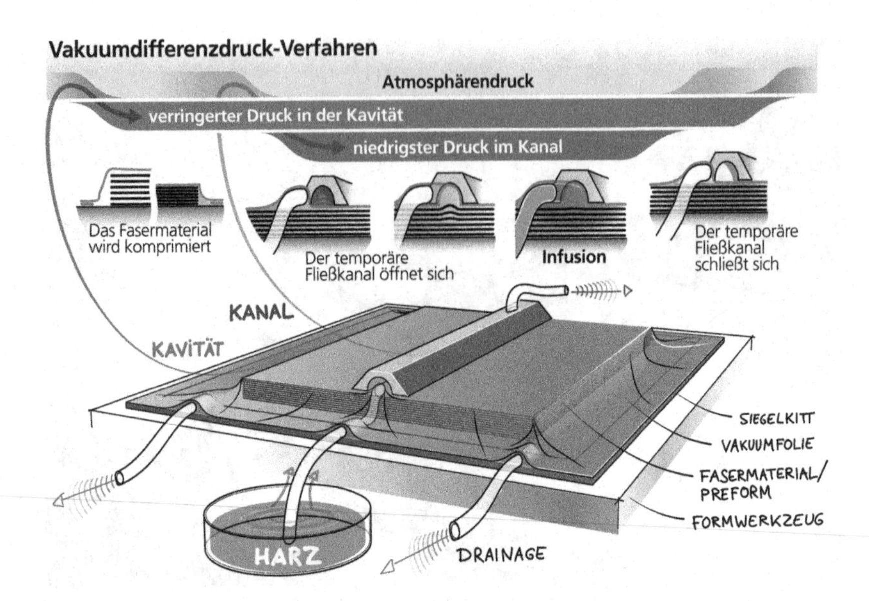

Abb. 2.10 Funktionsprinzip des Vakuumdifferenzdruckverfahrens

Bauteilabdrücke bei reduziertem Harzverbrauch [48] und ist in einem Tutorial beschrieben [28].

Der Autoklav ist für die Erzeugung hoher FVG bei großflächigen Bauteilen das effizienteste Werkzeug. Nachteile sind die thermische Trägheit, die eine gezielte Regelung erschwert, die eingeschränkte Beobachtbarkeit des Prozessgutes während der Aushärtung, die langen Prozesszeiten (bis zu 9 h) und der hohe Leistungsbedarf (bis zu 6 MW). Diese lassen sich größtenteils beheben, wenn man die thermischen Vorgänge im Autoklav während der Prozesszeit durch eine gekoppelte thermodynamische Strömungssimulation vorausberechnet und eine geeignete Sensorik am Bauteil verwendet für eine frühzeitige Detektion von SOLL-IST-Abweichungen und um den Aushärtegrad zu bestimmen. Bis zu 50 % Zeit- und 30 % Energieeinsparung sind durch den Einsatz eines **virtuellen Autoklav** sowie die Regelung über dielektrische Sensoren für die Bestimmung des Aushärtegrades möglich [109].

Um Leichtbau mit **Endlosfasern im 3D-Druck** zu realisieren, müssen die Fasern in einen aufschmelzbaren Matrixwerkstoff eingebettet werden. Thermoplaste bedürfen jedoch wegen ihrer hohen Viskosität besonderer Tränkungsverfahren, um die Filamente gleichmäßig zu umschließen.

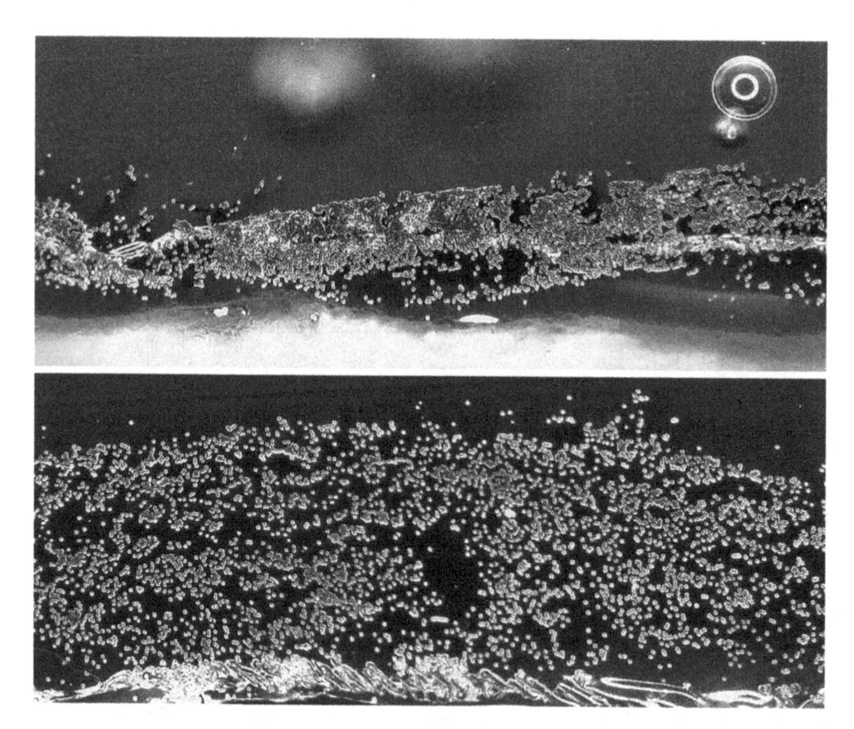

Abb. 2.11 Faserimprägnierung in einem Schmelzebad (**a**) ohne und (**b**) mit Ultraschalleinwirkung

Mit einer neuen Ultraschall-basierten Imprägniertechnologie (Abb. 2.11) können die Kosten für endlosfaserverstärkte Thermoplasthalbzeuge für den 3D-Druck um 80 % reduziert werden [107].

Mehr zur Entwicklung des 3D-Drucks mit Endlosfasern ist unter [34] beschrieben.

2.6 Neue Qualitätssicherungsverfahren

Je nach Technologie und Bauteil kann die Qualitätsprüfung von FV-Bauteilen bis zu 30 % der Fertigungszeit ausmachen. Heutige Qualitätsprüfungen können mit zunehmender Sensorqualität und Rechenleistung durch Online-Qualitätskontrolle ersetzt werden. Online Erkennung von Abweichungen und die schnelle Feststellung erforderlicher Korrekturen spart erheblich Zeit und Kosten. Hier sei beispielhaft nur eine kleine Zahl neuerer Entwicklungen genannt.

Eine typische Fertigungsabweichung sind **Faserwelligkeiten,** die sich beim Co-Bonding vorausgehärteter Bauteile mit noch nicht ausgehärteten FV-Schalen einstellen. Ein Verständnis der Wechselwirkung dieser Abweichungen mit Belastungen und möglichen Schäden im Betrieb des Flugzeugs hilft, Nacharbeiten zu minimieren bzw. KDF für Kennwerte weniger konservativ zu wählen. Wie Faserwelligkeiten mit Impactschäden unter der nachfolgenden Längsdruckbelastung einer FV-Schale interagieren, kann inzwischen beschrieben werden und ist durch Tests validiert [12].

Faserlegefehler bei ATL können Spalte oder Überlappungen der Faserbänder sein und in der Ablage mit AFP zudem noch Verdrehungen. Da schwarze Fasern wenig Licht reflektieren, ist eine optische Fehlererkennung schwierig. Am häufigsten kommen derzeit zur optischen Ablageüberwachung Laser-Line-Scan-Sensoren (LLSS) zum Einsatz (Abb. 2.12).

Heute kann die Kameraaufnahme eines Lasersignals geeignet modelliert, die Qualität des LLSS-Signals für die Fehlererkennung bewertet [75] und eine Klassifikation mit bis zu 100 % Trefferquote realisiert werden [74].

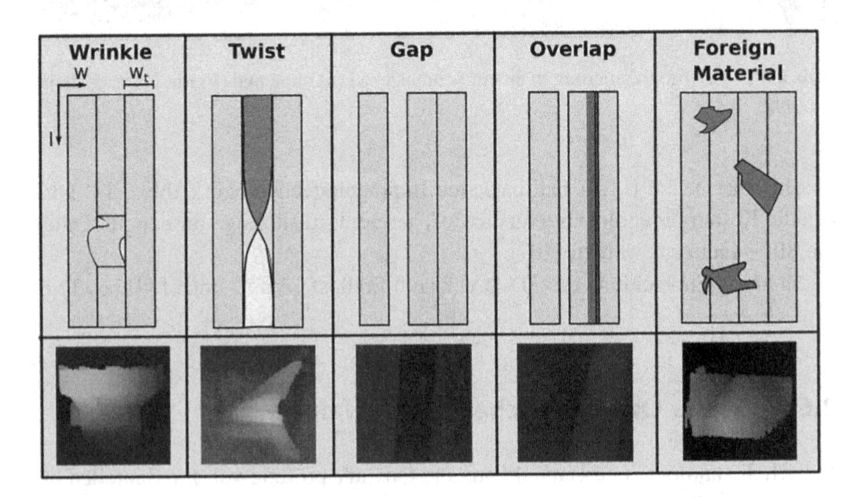

Abb. 2.12 Übliche Faserlegefehler, schematisch und exemplarisch als LLSS-Bild [76]

Wird eine Abweichung von Fertigungsvorgaben festgestellt, ist eine **In-Situ-Bewertung** erforderlich, um direkt im Prozess zu entscheiden, ob toleriert werden kann oder korrigiert werden muss.

Der Einfluss eines fehlenden Faserbands bei der Ablage einer Flügelschale auf die Spannungsverteilung kann echtzeitfähig durch Vergleich einer lokalen Soll- und Ist-FEM erfolgen [45].

Ein möglicher Fehler bei Infusionsprozessen ist der Verbleib trockener Einschlüsse im FV-Bauteil (Dry Spots) durch ungleichmäßig voreilende Harzfronten. Die am Bauteil angebrachten Harzkanäle werden durch eine **Infusionsstrategie** festgelegt, die auf einer genauen Kenntnis des Fließverhaltens eines Harzes in einer mit Fasermaterial gefüllten Kavität unter Parametern wie Druck und Temperatur aufbaut. Wie sich die Parameter Matrix-Viskosität, Faserpermeabilität und Infusionsdruck auf die Entstehung von Dry-Spots in einem Infusionsprozess auswirken, ist heute gut verstanden [18].

Für einen hohen FVG wird bei offenen Formwerkzeugen eine vollständige Einhüllung des FV-Bauteiles durch geeignete Folien vorgenommen, ein Vakuum angelegt und die Einhüllung zusätzlich durch Außendruck – im Autoklav 6 bis 15 bar – an das Bauteil gepresst. Für eine fehlerfreie Kompaktierung und – im Falle einer Harzinfusion –vollständige Bauteildurchtränkung darf die Folie keine Leckagen enthalten. Aufgrund der Bauteilgröße und ihrer geometrischen Komplexität, beispielsweise bei Schalenstrukturen, treten jedoch oft Undichtigkeiten auf. Die schnelle **Vakuumleckagedetektion** ist daher ein entscheidender Kostenfaktor. Mittels Thermographie und piezoelektrischen Drucksensoren lassen sich Leckagen automatisiert mit 20 % Zeitersparnis finden im Vergleich zu herkömmlichen Verfahren [40].

Die Überwachung der **Fließfrontentwicklung** einer Infusion bedarf bei geschlossenem Formwerkzeug geeigneter Sensoren. Piezokeramische Ultraschall(US)-Sensoren eignen sich für Impuls-Echo-Anwendungen (Abb. 2.13). Die Dichteänderung in einem Faseraufbau vor und nach der Tränkung mit Harz führt zu deutlichen Amplitudensprüngen in der Signalantwort. Die Sensoren können sehr klein gebaut und in das Formwerkzeug integriert werden, ohne in direkten Kontakt mit dem Harz zu treten. Mit ihrer Hilfe lassen sich Fließfrontverläufe sehr genau, Fließfrontgeschwindigkeiten auf 5 % und Fließrichtungen auf 19 % genau bestimmen [68].

Fazit

Neue Werkstoffkombinationen und Halbzeuge befinden sich in einer dynamischen Entwicklung. Eine große Hürde für den Einsatz im Flugzeugbau besteht

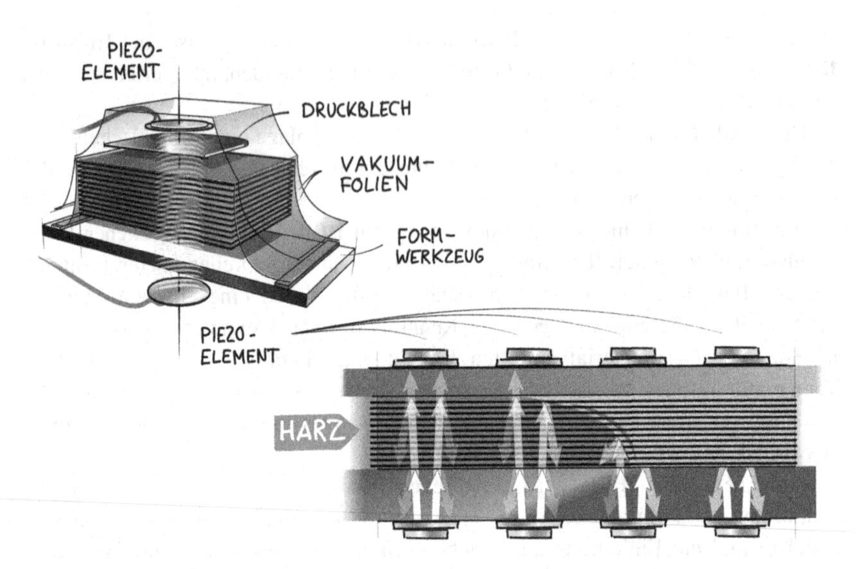

Abb. 2.13 Prinzip der Ultraschall-Sensorintegration zur Fließfrontüberwachung [68]

in der umfangreichen und damit kostenintensiven Qualifizierung durch speziell zertifizierte Prüflabore (z. B. nach NADCAP [8, 50]). Notwendig sind branchenübergreifende Normen und Qualifizierungsprogramme, die ausreichende Absatzmengen neuer Halbzeuge garantieren.

Um mit FV deutlich leichter bauen zu können, muss die Erkennbarkeit von Schäden dieser Werkstoffklasse verbessert werden. Mit höheren zulässigen Dehnungen in CFK-Strukturen ließen sich bereits 5 % bis 10 % Primärstrukturgewicht einsparen.

Neue Bauweisen weisen das größte Leichtbaupotential aus, haben aber weitreichende Auswirkungen auf Fertigungskonzepte, Systemintegration und Wartung im Betrieb. Daher liegen hier die Entscheidungen ganz klar in der Zuständigkeit der Flugzeughersteller selbst.

Kleben als Fügetechnologie spart Gewicht und Kosten. Passgenauigkeit der Bauteile und Prozesssicherheit als unabdingbare Voraussetzungen der Klebung sind inzwischen realisierbar.

Hochautomatisierte und im industriellen Maßstab erprobte Fertigungstechnologien stehen zur Verfügung für die wirtschaftliche Herstellung von gewichtsoptimierten FV-Strukturen mit weniger Energie und geringeren Mengen an Hilfsstoffen. Neue Fertigungstechnologien erschließen dem Faserverbund weitere Anwendungsmöglichkeiten.

Moderne Sensortechnologien und Auswertealgorithmen erlauben eine Online-Überwachung der Fertigung und schnelle, automatisierbare Bewertung und Korrektur bei Fertigungsabweichungen. Heutige Fertigungskosten können signifikant reduziert und Bauteilausschuss vermieden werden.

Systemleichtbau mit Integration passiver Funktionen

3

Passive Funktionen dienen nicht der Lastabtragung alleine, wie im klassischen Leichtbau, sondern erfüllen weitere Anforderungen an das Gesamtprodukt, wie z. B. eine Minimierung des aerodynamischen Strömungswiderstands, Bereitstellung elektrischer Leitfähigkeit und thermischer oder akustischer Dämmung.

3.1 Strukturen für die natürliche Laminarhaltung

Laminarhaltung umströmter Flächen reduziert den Reibungswiderstand und trägt gemäß Brequet direkt proportional zur Reduktion des Energieverbrauchs eines Flugzeugs bei, Abschn. 1.2.

Die Reduktion des Reibungswiderstands durch Laminarhaltung auf der Flügeloberseite wird auf bis zu 8 % geschätzt [51]. Strukturen so zu gestalten, dass die Strömung möglichst lange laminar anliegt, hat daher unmittelbaren Einfluss auf die Energieeffizienz eines Flugzeugs. Dabei kann die natürliche Laminarhaltung durch geeignete Formgebung der Struktur, insbesondere durch Vermeidung von Spalten oder Unstetigkeiten an Fügekanten, wesentlich unterstützt werden.

Auch heutige CFK-Flügelschalen werden noch mit Vernietungen gefertigt. Diese verursachen Unebenheiten und Überstände, die eine Wirbelbildung und frühzeitigen Strömungsumschlag begünstigen. Eine integrale **laminare Flügeloberschale** stellt – unter Berücksichtigung von PID und bei Sicherstellung eines hohen FVG – besondere Anforderungen an Konstruktion und Fertigung. Ein Lösungsansatz für eine vollintegrale, laminar taugliche CFK-Flügeloberschale ist am Beispiel eines 2,5 m × 1,5 m Demonstrators in [52] beschrieben (Abb. 3.1).

Die fertigungsbedingte **Welligkeit** einer CFK-Flügeloberschale beeinflusst die Lauflänge der laminaren Strömung über die Flügeltiefe. Ein ideal laminarer Flügel sollte bis zu einer relativen Flügeltiefe von 60 % laminar umströmt werden.

M. Wiedemann, *Systemleichtbau für die Luftfahrt,* essentials,
https://doi.org/10.1007/978-3-658-38480-7_3

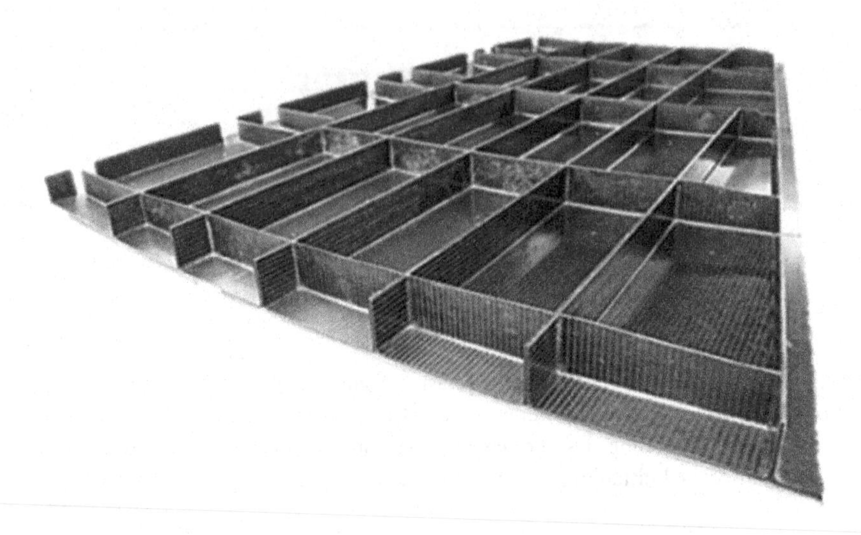

Abb. 3.1 Demonstratorpanel einer integralen, laminaren Flügeloberschale

PID führen zu konkaven Vertiefungen in der Haut und lastinduzierte Deformationen (LID) zu einer konvexen „Kissenbildung“. Netto verbleibt eine störende Welligkeit, die den Strömungswiderstand des laminaren Flügels erhöht. Die laminare Lauflänge der Strömung über eine Flügeloberfläche kann durch Einflüsse aus PID und LID um bis zu 4 % reduziert werden [46].

Wesentlich für NLF ist die Vermeidung von Spalten oder Stufen zwischen angrenzenden Bauteilen an der umströmten Seite einer Struktur, vergl. Abb. 3.2 links. Nietköpfe der Verbindung des Vorflügels zur Flügelschale wirken sich ebenfalls negativ aus. Hinzu kommt die Wartungsforderung einer schnellen Austauschbarkeit des Vorflügels im Falle von Beschädigungen unter Einhaltung kleinster Toleranzen. Daher wurde eine **laminare CFK-Flügelvorderkante** mit metallischen Abdeckfolien entwickelt mit einer maximalen Stufenhöhe <0,15 mm, [97], deren schneller Austausch durch eine toleranzkompensierende Verbindung mit Exzenterbuchsen sichergestellt wird [105].

3.2 Elektrische Leitfähigkeit von CFK

CFK-Strukturen besitzen durch das Matrixmaterial bedingt eine geringe elektrische Leitfähigkeit. Um diese herzustellen (Electric Structure Network: ESN),

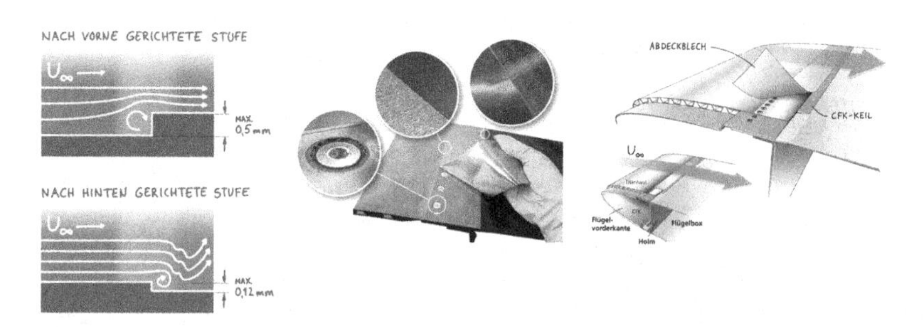

Abb. 3.2 Laminare Flügelvorderkante – Unebenheiten durch metallische Abdeckfolie glätten

wird aktuell in CFK-Rumpfstrukturen (A350-Rumpf, [10]) zusätzlich nichttragendes Metall verbaut. Es entstehen Zusatzgewichte für das Flugzeug und Zusatzkosten in der Fertigung.

Mit 6000 S/m zeigen Kohlefasern etwa 30 % der metallischen Leitfähigkeit, aber das umgebende Matrixmaterial mit ca. 10^{-8} S/m verhindert als Isolator sowohl den Blitzschutz wie auch die Masseanbindung elektrischer Verbraucher. Die **elektrische Leitfähigkeit** in der CFK-Laminatdicke lässt sich durch silberbeschichtete Polyamid-Fäden in Kombination mit leitfähigen Vlieslagen auf 600 S/m steigern [93] und das erforderliche Flächengewicht eines Blitzschutzes auf einer CFK-Oberfläche von 175 g/m^2 auf 25 g/m^2 senken [92] (Abb. 3.3).

In der A380 sind für die Datenkommunikation elektrische Leitungen mit einem Gesamtgewicht von 3 t installiert [59]. **FML-Hybride** sind bezüglich Kontaktierung und Beschädigung redundant; lokale Defekte können die elektrische Leitfähigkeit nicht beeinträchtigen. Gemeinsam mit mechanischen Vorteilen können somit elektrische Signale auf mehreren Ebenen durch das Laminat transportiert werden. Entscheidend für die zulässige anlegbare elektrische Spannung ist die Durchschlagfestigkeit der Einzellagen. Für Metallfolien, die mit drei 0,1 mm dicken Glasfaserlagen und Epoxidharzmatrix elektrisch getrennt werden, sind 250 V bis 600 V übertragbar [89].

Die Integration elektrisch leitfähiger Lagen in einen FV ermöglicht auch eine gezielte Erwärmung beispielsweise zur **Enteisung von Flügelvorderkanten** ohne Zuführung von Systemleitungen. Mit einer geeigneten konstruktiven Umsetzung (Abb. 3.4) wird die elektrische Enteisung mit 1/3 der Wärmeleistung eines konventionellen Anti-Icing-Systems möglich, d. h. ca. 3,6 kW/m^2 [87].

Kabinenelemente bestehen in der Regel aus nichtleitendem Sandwich-FV und sind durch eine Vielzahl elektrischer Verbraucher charakterisiert. Neben

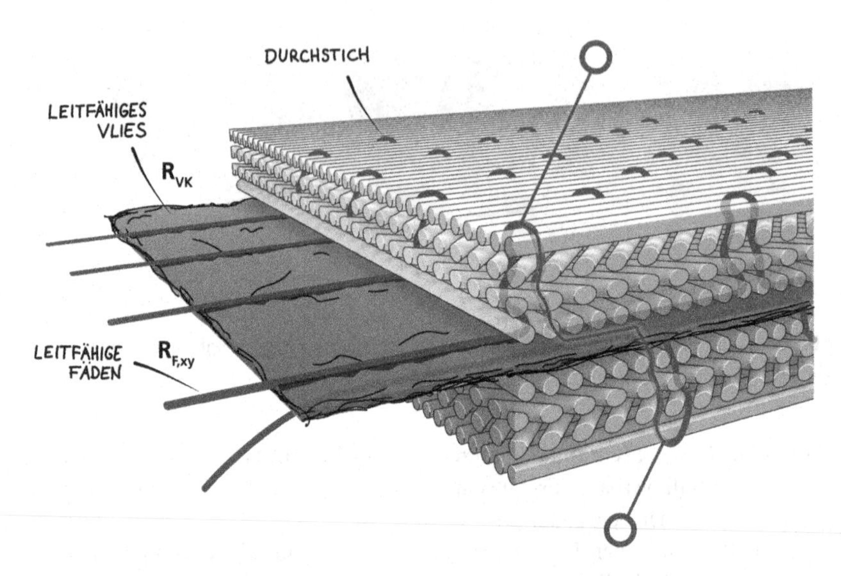

Abb. 3.3 Erhöhung der elektrischen Leitfähigkeit von NCF-Anbindung zwischen den Textilien in der Kontaktebene [92]

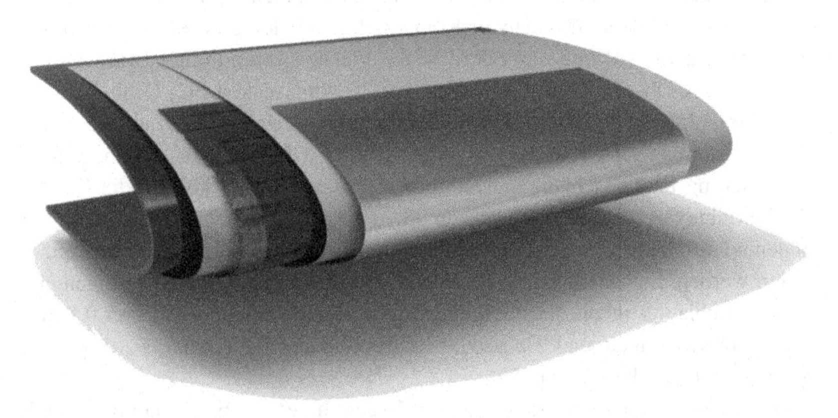

Abb. 3.4 Flügelvorderkante mit Enteisungssystem und metallischem Abrasionsschutz

Abb. 3.5 Leiterbahnintegration an der Rückwand einer A330-Bordküche (Galley)

der Erdung ist die Energieversorgung extra zu installieren mit resultierendem Zusatzgewicht und Zusatzkosten.

Durch **Integration der Leiterbahnen** in die Rückwand einer A330-Bordküche konnte eine Gewichtseinsparung von 30 % gegenüber heutigem Stand der Technik nachgewiesen werden [88] (Abb. 3.5).

Die Integration von elektrischen Leiterbahnen in eine FV-Struktur bietet viel Potenzial, wenn eine betriebssichere Kontaktierung gewährleistet werden kann. Ein multifunktionales Lastinsert für SW-Strukturen mit integrierter elektrischer Signalübertragung und Thermallastübertragung wurde jüngst für ein Satellitenwandpanel konstruiert und erfolgreich erprobt [84].

3.3 Lärmtransmission in die Kabine

CFK-Rumpfstrukturen erhöhen wegen der hohen Materialsteifigkeit die Schallausbreitung und -abstrahlung in eine Kabine. Um Turbinen- und Strömungsschallabstrahlung in die Kabine zu reduzieren wird aktuell Isolationsmaterial verwendet. Eine leichtere Möglichkeit besteht im Einsatz einer passiven Dämpfungsschicht (Passive Constrained-Layer-Damping: PCLD), deren Flächengewicht mit ca. 0,83 kg/m^2 geringer ausfällt. Die Wirkung von PCLD bei einem steifen Grid-Panel (vergl. Abschn. 2.3) auf die abgestrahlte Schallleistung wurde mit −2 dB für Frequenzen über 300 Hz festgestellt [106].

Steife Sandwichverkleidungen einer Flugzeugkabine eignen sich nur bedingt für die Schalldämmung. Allerdings kann durch die geeignete, massekonstante

Gestaltung des Wabenkerns das Schalldämmmaß dieser Sekundärstrukturen erhöht und gezielt für akustisch angepasste Transmissionseigenschaften eingesetzt werden.

Simulativ lässt sich zeigen, dass für ein SW-Panel mit GFK-Decklagen und gedrucktem Kunststoff-Wabenkern das Schalldämmmaß gezielt verändert werden kann [90]. Experimente belegen, dass das Schalldämmmaß abhängig von der Wabenkerngeometrie und ihrer Decklagenstützung ab 500 Hz aufwärts wirksam wird [91] (Abb. 3.6).

Fazit

Die vollintegrale CFK-Bauweise und moderne Klebetechnologien erlauben eine weitgehende Vermeidung von Stufen und Unebenheiten auf der Oberfläche umströmter Strukturen. Dadurch ist eine Laminarhaltung und die effektive Reduktion des Strömungswiderstands möglich.

Die elektrische Leitfähigkeit von Strukturen selektiv zu erhöhen oder zu mindern, erlaubt eine gewichtsminimale Realisierung unterschiedlicher Funktionen.

Gestaltungsmöglichkeiten der FV-Struktur sind bis in den Bereich der akustischen Abstrahlung hinein wirksam.

Abb. 3.6 Verschiedene Kunststoff-Wabenstrukturen mit unterschiedlichem Schalldämmmaß

BY

4 Systemleichtbau mit Integration aktiver Funktionen

FV-gerechte Bauweisen, strukturelle Klebung sowie die Nutzung von Funktionswerkstoffen der Adaptronik kennzeichnen die aktive Funktionsintegration. Im Zusammenspiel mit der Aerodynamik kann Systemleichtbau durch Ermöglichung der hybriden Laminarhaltung besondere Wirkung entfalten. Des Weiteren ist eine aktive Reduktion der Schallübertragung in die Kabine und eine integrierte Strukturüberwachung realisierbar.

4.1 Strukturen für hybride Laminarhaltung

Welche Bedeutung die Laminarhaltung der Strömung für den Energieverbrauch eines Flugzeugs hat, wurde bereits in Abschn. 3.1 beschrieben. Die besondere Herausforderung besteht in der Synthese der unterschiedlichen Anforderungen an eine Tragstruktur mit den erweiterten Anforderungen zum Beispiel einer aktiven, hybriden Laminarhaltung (Hybrid Laminar-Flow-Control: HLFC). HLFC mit aktiver Absaugung der Grenzschichtströmung ermöglicht theoretisch eine Widerstandsreduktion von 30 % [17].

Schon an den Flügelvorderkanten beginnt unter bestimmten Anströmbedingungen die Bildung von Turbulenzen. Um diese aktiv zu unterbinden, wird ein aktives Absaugsystem in der Struktur und eine mikroperforierte Profiloberfläche benötigt. Die Tragstruktur hinter einer aerodynamischen Oberfläche muss geeignet aufgebaut sein mit Kammern, durch die – den Strömungsverhältnissen um die Vorderkante angepasst – mit unterschiedlichen Druckgradienten abgesaugt wird, Abb. 4.1. Die systematische und multidisziplinäre Entwicklung eines HLFC-Systems wurde im „Clean Sky II"-Projekt ECHO für das A350 Höhenleitwerk (HTP) prototypisch durchgeführt [103]. Basierend auf einer neuen

M. Wiedemann, *Systemleichtbau für die Luftfahrt*, essentials,
https://doi.org/10.1007/978-3-658-38480-7_4

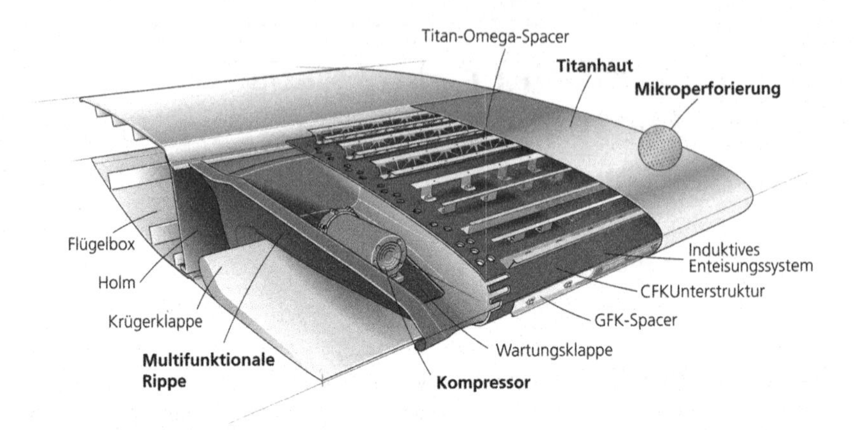

Abb. 4.1 Modell einer HLFC-Vorderkante eines Höhenleitwerks

HLFC-Vorderkanten-Bauweise konnte ein Potential von 5 % Treibstoffersparnis ermittelt werden [39].

4.2 Formvariabilität

Konturänderungen von Profilen ermöglichen eine Anpassung an unterschiedliche Flugzustände. Eine aktive Formvariabilität muss jedoch auch die Eigensteifigkeit der Struktur einbeziehen, in die sie integriert wird. Damit sind den resultierenden Formveränderungen Grenzen gesetzt. Innerhalb dieser Grenzen kann eine Konturänderung effektive Wirkung entfalten und sonst erforderliche Zusatzaggregate oder Funktionselemente ersetzen.

Die Laminarhaltung der Luftströmung ist bei konventionellen beweglichen Vorflügeln durch unvermeidliche Stufen zum Flügelkasten nicht möglich. Um eine stufen- und spaltlose Anstellwinkeländerung der Vorderkante in Start- und Landekonfigurationen zu gewährleisten, ist eine in sich formvariable Flügelvorderkante wünschenswert. Im 7. EU Rahmenprogramm wurden im Projekt SARISTU (smart intelligent aircraft structures) von 2011 bis 2015 Anwendungsmöglichkeiten des Morphing (der Formvariabilität) an Flügelvorder- und Hinterkanten untersucht. Gemeinsam mit Airbus und Partnern wurde eine **formvariable Flügelvorderkante** entwickelt, gebaut und experimentell untersucht. Die besondere Herausforderung besteht in der simultanen Berücksichtigung der weiteren Anforderungen an dieses Bauteil wie Blitzschutz, Enteisung, Abrasions-

und Vogelschlagschutz. In einer Flugzeugkonfiguration mit Hecktriebwerken würde die neue Vorderkante 1 % Treibstoff einsparen [57]. Neuere Bauweisen können dank eines speziellen Materialhybrids eine Absenkung der Vorderkante um bis zu 20° realisieren mit 4–9 % Steigerung im Auftriebsbeiwert [113], Abb. 4.2.

Um den Wellenwiderstand der transsonischen Strömung über den Flügel zu mindern, können sogenannte **Shock-Control-Bumps** (SCBs) eingesetzt werden, die ab einer definierten Flügeltiefe und mit einer definierten Höhe einen widerstandsarmen Strömungszustand bewirken.

So wurde prototypisch ein formvariabler, adaptiver Spoiler entwickelt, der die erforderliche Verformbarkeit in Flügeltiefenrichtung und -höhe einzustellen erlaubt [66], Abb. 4.3.

Eine Möglichkeit der Auftriebssteigerung einer Tragfläche besteht in der Nutzung des Coanda-Effekts: Die Strömung liegt dabei länger an einer Klappe an, wenn diese mit einer **aktiven Ausblaslippe** versehen wird. Hierfür sind schnell aktuierbare Strukturelemente für die gezielte Strömungsbeeinflussung notwendig, die in einem kleinen Bauraum in die Klappe integriert werden.

Abb. 4.2 „Droop Nose"-Demonstrator mit Elastomer-GFK-Hybridhaut

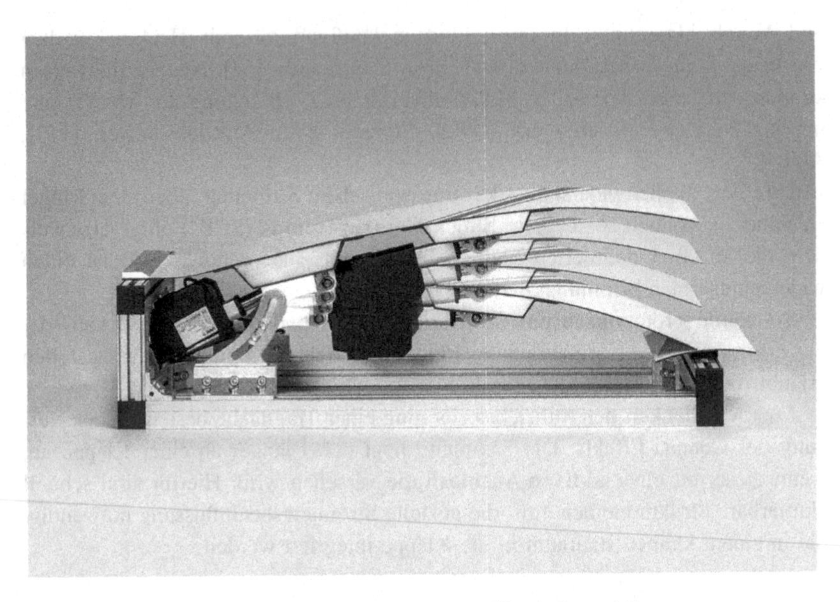

Abb. 4.3 Baumuster einer Klappe mit aktuierbarem Shock-Control-Bump

Die strukturkonforme, dynamische, piezoelektrische Aktuierung einer Ausblaslippe zeigt bei Windkanalmessungen eine Auftriebssteigerung um $\Delta C_a = 0{,}57$ [117] (Abb. 4.4).

Spaltfreie Flaps oder bewegliche Winglets vermeiden Strömungsverluste und können zur Lastminderung eingesetzt werden. Eine Möglichkeit der Aktuierung besteht bei einer Struktur mit eingebauten Gelenken in der Beaufschlagung mit Innendruck. **Druckaktuierte Zellstrukturen** (Pressurized Actuated Cell-Structures: PACS) und hydraulisch betriebene kompakte Einheitsstrukturen (Fluid Actuated Morphing-Unit-Structures: FAMoUS) erlauben die Realisierung großer Verformungen, Abb. 4.5. Allerdings stellen die Dauerfestigkeit der Festkörpergelenke und die Druckdichtigkeit der Zellen Herausforderungen dar. Hier eröffnet der endlosfaserverstärkte 3D-Druck neue Perspektiven (vergl. Abschn. 2.5).

Für ein Flügelprofil wurde durch eine PACS-Auslegung eine Hinterkantenabsenkung um 15° und damit eine theoretische Erhöhung des Auftriebs um den Faktor 3 demonstriert [36]. Ein formvariables Winglet mit strukturkonformer Aktuierung wurde im Rahmen des EU-Projekts NOVEMORE entwickelt und im Windkanal erprobt [112].

Abb. 4.4 Aktive Ausblaslippen zur Nutzung des Coanda-Effekts im Windkanal

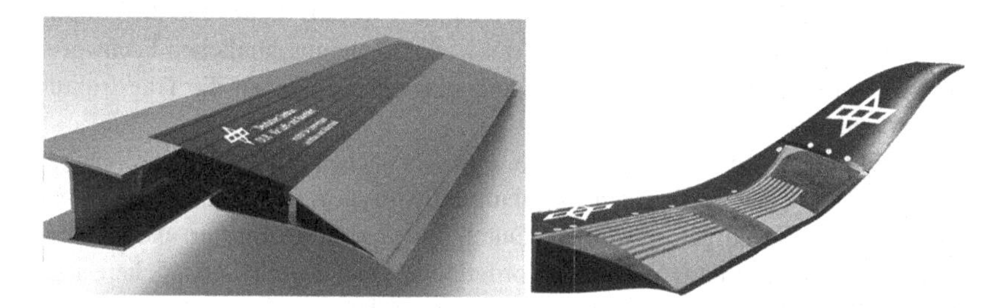

Abb. 4.5 Druckaktuierte Zellstrukturen für formvariable Flügelstrukturen

4.3 Schwingungsbeeinflussung

Schwingungen, die von Propellern und Turbinen ausgehen, verursachen Materialermüdung, Verschleiß und Komforteinschränkungen. Die **aktive Schwingungsreduktion** ist ein großes Anwendungsgebiet des Systemleichtbaus, indem strukturintegrierte Aktoren den resultierenden Verformungen in gleicher Frequenz entgegenwirken. Zwei CFK-Stäbe mit integriertem Piezo-Stapelaktuator in einer

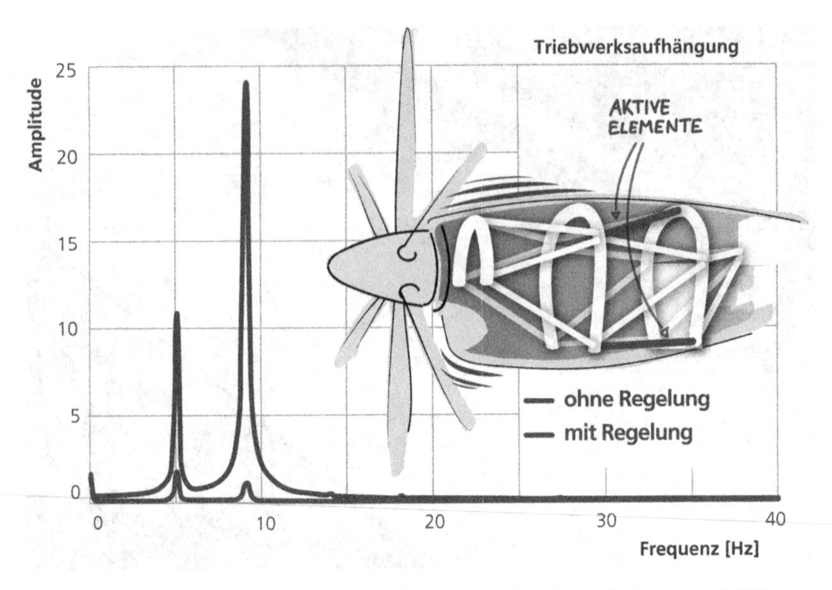

Abb. 4.6 Schwingungsreduktion in einem Fachwerk mit aktivem Stabelement [101]

Fachwerkstruktur, angesteuert mit einem adaptiven Regler, reduzieren die Amplituden um 40 dB [99]. In einem einer Triebwerkaufhängung ähnlichen Fachwerk, Abb. 4.6, wird die Schwingungsübertragung eines Propellers auf die Tragstruktur um 80 % bis 90 % reduziert [100].

Eisbildung an den Vorderkanten von Auftriebsflächen erhöht den Strömungswiderstand. Ab einer bestimmten Eisanhaftung wird diese sicherheitskritisch und muss erkannt und aufgelöst werden. Durch Integration geeigneter aktiver Elemente in die Tragstruktur der Flügelvorderkante kann sowohl eine sichere und schnelle **Eis-Detektion** wie auch eine mechanische Enteisung – anstelle der thermischen, vergl. Abschn. 3.2 – realisiert werden.

Integrierte Piezo-Aktoren erlauben mittels Ultraschall-Signalen eine Detektion von lokaler Eisanhaftung an Flügelvorderkanten ab 2 mm Dicke [77]. Untersuchungen mit integrierten elektro-mechanischen Systemen zeigen ein Potential zur **aktiven Enteisung** mittels lokaler, hochfrequenter Hautdeformation [33], Abb. 4.7.

Strukturschwingungen aus Triebwerken und Strömungsturbulenzen am Rumpf übertragen sich auf die Kabine und werden dort als Lärm wahrgenommen. Neben

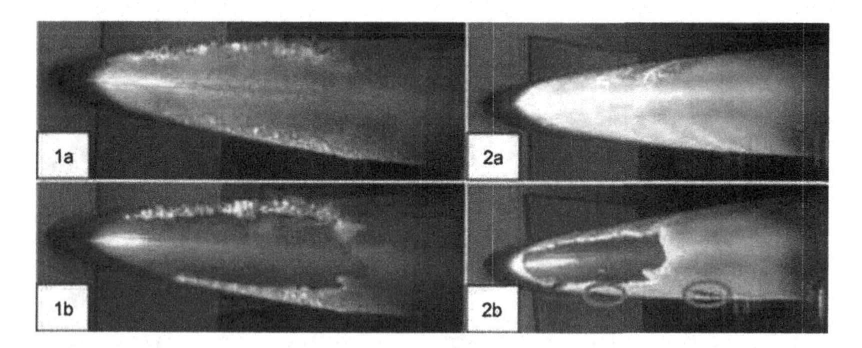

Abb. 4.7 Strukturintegrierte Enteisung im Eiswindkanal; Eisansatz (**a**) vor und (**b**) mit Enteisung nach 4 min. bei −10 °C (1) und nach 2 min. bei −20 °C (2); [33]

schwerem Dämmmaterial minimieren heute Gegenschalltechniken (Active Noise-Control: ANC) die Schallabstrahlung.

Ein leichteres und effizienteres System nutzt den Umstand, dass Schallwellen von einer Struktur nicht mehr abgestrahlt werden können, wenn die Struktur unterhalb der sogenannten Koinzidenzfrequenz in Wellenlängen schwingt, die kleiner sind als die Wellenlängen der abgestrahlten Schallwellen (Active-Structure-Acoustic-Control: ASAC), den sogenannten akustischen Kurzschluss. Mehr Informationen zur ASAC-Methode in [80].

Mit Hilfe eines in die Kabinenverkleidung integrierten ASAC-Systems können multitonale, tieffrequente Störanregungen um bis zu 20 dB reduziert werden [79]. Eine einbaufertige **aktive Kabinenverkleidung,** in die ein ASAC-System mit Regelung integriert ist, reduziert den Schalldruckpegel für eine Turboprop-Kabine um 6,8 dB [78], Abb. 4.8.

Die kabellose Nutzung von Sensoren für die Flugzustandsüberwachung spart Fertigungskosten und Gewicht, wenn Energie lokal zur Verfügung steht. Für ein Wireless Sensornetzwerk (WSN) kann die notwendige Betriebsenergie auch durch **Energy Harvesting** generiert werden, z. B. aus betriebsbedingten Schwingungen der Struktur. Der Energiebedarf autonomer Sensorelemente kann durch strukturintegrierte Piezokeramiken gedeckt werden [37].

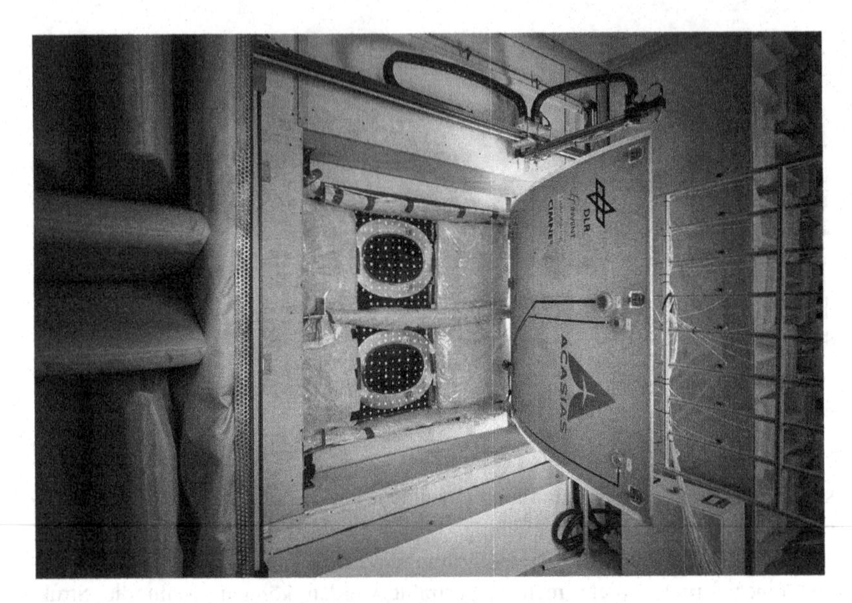

Abb. 4.8 Kabinen-Panel mit ASAC-System im Transmissionsprüfstand

4.4 Structural Health Monitoring – SHM

Die kontinuierliche Überwachung der strukturellen Integrität von Leichtbaustrukturen hat beim Einsatz von FV-Bauteilen großen Einfluss auf Kennwerte und resultierendes Auslegungsgewicht, Abschn. 2.2. In den letzten Jahren hat sich für flugzeugbautypische, dünnwandige Schalenstrukturen die **Methode der Lamb-Wellen** etabliert. Durch strukturintegrierte (oder applizierte) piezoelektrische Elemente wird ein Aktor-Sensor-Netzwerk aufgebaut, mit dem hochfrequent longitudinale und transversale Wellen durch die Schalen gesendet werden. Diese werden an Steifigkeitssprüngen zu bestimmten Anteilen reflektiert und transmittiert. So entsteht ein Signalmuster für den aktuellen Zustand einer Schale, welches im Vergleich zu einem gespeicherten Muster für den intakten Zustand auf Orte der Schädigung und Schädigungsgrößen schließen lässt [83].

An einer CFK-Türrahmenschale (Abb. 4.9) konnten mit einem Netzwerk aus 584 Piezo-Elementen optisch kaum erkennbare Delaminationen (Barely Visible Impact-Damages: BVID) von 310 mm^2 bis 2311 mm^2 auf 5 mm bis 85 mm genau lokalisiert werden [81]. Lamb-Wellen-SHM lässt sich für die Schadensdetektion auch über einen Temperaturbereich von –42 °C bis 85 °C anwenden [82].

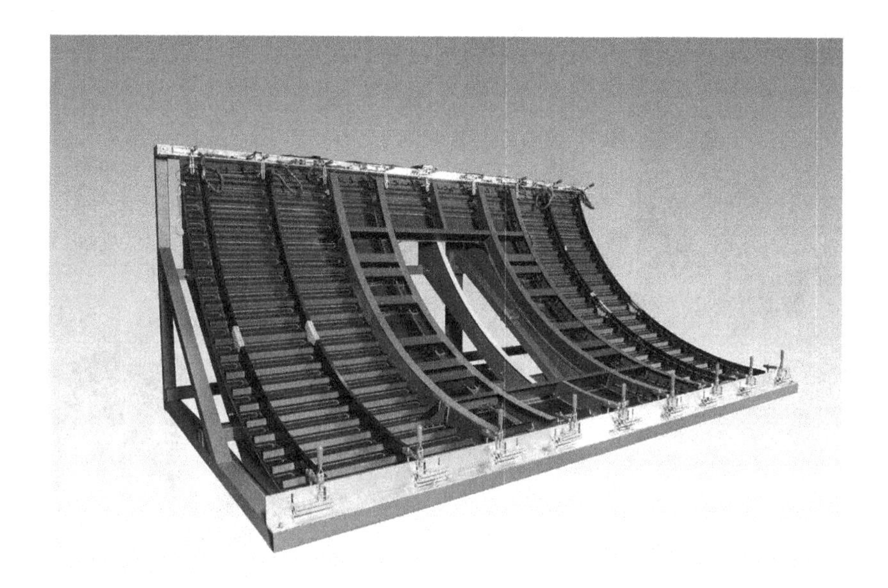

Abb. 4.9 CFK-Türrahmenschale mit SHM-Netzwerk zur automatisierten Schadensdetektion im EU „Clean Sky II"-Projekt SARISTU

Für die Bewertung einer erkannten Strukturschädigung hinsichtlich der Lasttragfähigkeit und eines möglichen Reparaturbedarfs ist ein automatisierter Vergleich mit einer Simulation erforderlich, die das Resttragverhalten unter Berücksichtigung des erkannten Schadens analysiert. Eine Verknüpfung von Lamb-Wellen-basierter Schadenserkennung und **Schadensbewertung** wird durch Nutzung schneller Ersatzmodelle möglich [35]. Lamb-Wellen-SHM lässt sich ebenfalls in der Flugzeug-Wartung in Kombination mit Simulation und **Augmented Reality** nutzen [118].

Eine Möglichkeit der Schadenserkennung in Fügestellen bieten Foliensensoren aus Polyvinylidenfluorid (PVDF), die ebenfalls über piezoelektrische Eigenschaften verfügen und Dehnungen bei geeigneter Vorbehandlung sehr genau zu messen erlauben. Da PVDF gleichzeitig in einer Klebung wegen seiner Zähigkeit als Rissstopper verwendet werden kann, Abb. 4.10, bieten sich solche Sensoren auch für die Überwachung von Klebenähten an. Eine 100 µm dicke PVDF-Folie als Rissstopper mit aufgebrachtem Metall-Meßgitter von 200 nm erlaubt die Sensierung von Dehnungen in einer Klebenaht [41].

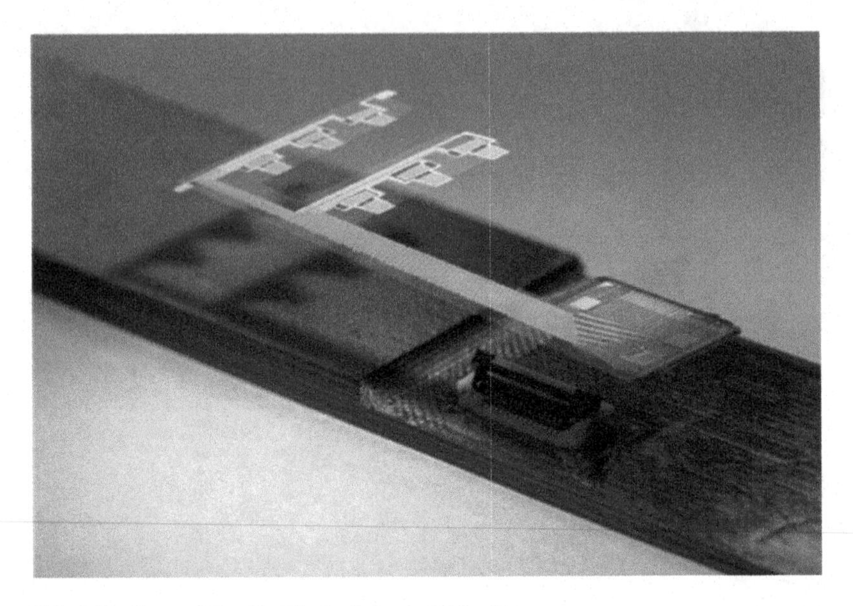

Abb. 4.10 Sensor-Inlay für Rissdetektion in Klebenähten

4.5 Strukturtragende Batterien

Im Rahmen der zunehmenden Elektrifizierung von Bordfunktionen und Antrieben wächst der Bedarf an Batterien zur Zwischenspeicherung. Batteriespeicher können auch als tragende Strukturen ausgelegt und zur Lastabtragung herangezogen werden. Je mehr mechanische Belastung sie als Teil der Struktur trägt, umso stärker sinkt ihr Gewichtsanteil als separate Batterie. Entscheidend für die strukturelle Tragfähigkeit ist die Nutzung von Festkörperelektrolyten als Speichermedium und eine geeignete elektrische Kontaktierung mit maximaler Oberfläche für eine bestmögliche kapazitive Energiespeicherung. Während für die Tragfähigkeit Festkörperelektrolyte (z. B. $Li_{1+x}Ti_{2-x}Al_x(PO_4)_3$: LATP) erforderlich sind, eignen sich Carbon-Nano-Tubes (CNT) für die elektrische Kontaktierung. So ließen sich Teile der Sekundärstruktur eines Flugzeugs für die Speicherung einiger kWh elektrischer Energie nutzen, Abb. 4.11.

Durch die Kombination eines LATP mit CNTs und einem geeigneten Strukturaufbau kann eine Speicherfähigkeit von 11,59 mF/cm^3 nachgewiesen werden [67].

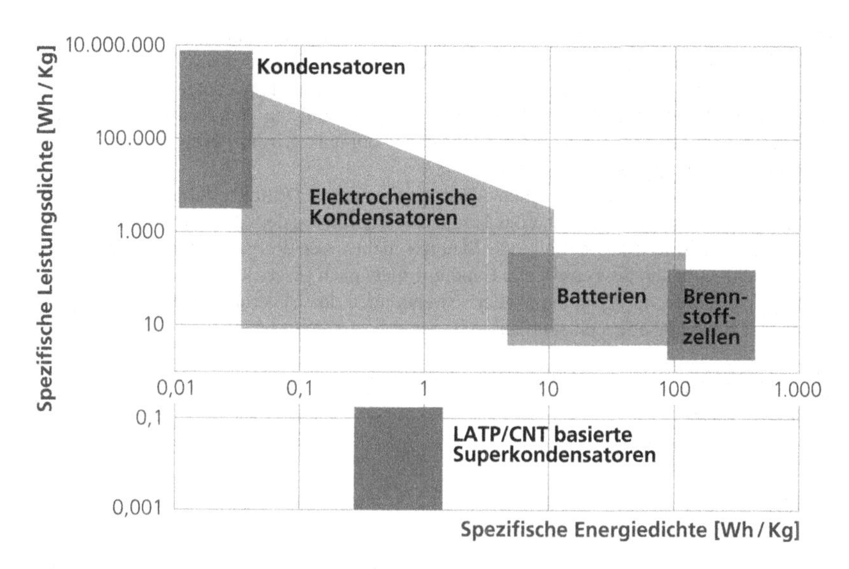

Abb. 4.11 Vergleich von Leistungs- und Energiedichte für unterschiedliche Energiespeicher

Ein strukturintegrierter kapazitiver Speicher in einer Raumfahrtanwendung für die Energiespeicherung aus dem Abbremsen rotierender Massen konnte um 73 % leichter und um 78 % kleiner gebaut werden als die klassische Vergleichsstruktur mit reinen Batterien. Die mechanische Belastbarkeit blieb dabei zu 80 % erhalten [85].

Fazit

Die Integration aktiver Funktionen in die tragende Struktur bietet weitere und vielfältige Potenziale der Gewichts- und Widerstandsreduktion. Die Entwicklungen auf diesem Gebiet bedürfen aber eines Paradigmenwechsels in der Flugzeug-Zertifizierung, da bisher getrennt zugelassene Systeme integral betrachtet werden müssen. Auf diesem Gebiet des Systemleichtbaus ist für den Erfolg eine neue Qualität der interdisziplinären Zusammenarbeit erforderlich.

Was Sie aus diesem *essential* mitnehmen können

- Eine Definition des Systemleichtbaus.
- Eine Vorstellung von Potenzialen für eine emissionsminimale Luftfahrt.
- Eine kleine Sammlung von Technologiebeispielen.
- Anregungen für Weiterentwicklungen auf dem Gebiet des Systemleichtbaus.

M. Wiedemann, *Systemleichtbau für die Luftfahrt*, essentials,
https://doi.org/10.1007/978-3-658-38480-7

Literatur

1. Purr K, Osiek D, Lange M, Adlunger K (2016) Integration von Power to Gas/Power to Liquid in den laufenden Transformationsprozess. https://www.umweltbundesamt.de/sites/default/files/medien/1/publikationen/position_power_to_gas-power_to_liquid_web.pdf. Zugegriffen: 31. März 2021
2. Federal Ministry for Economic Affairs and Energy (BMWi) (2017) Strom 2030. Langfristige Trends – Aufgaben für die kommenden Jahre. Ergebnispapier. https://www.bmwi.de/Redaktion/DE/Publikationen/Energie/strom-2030-ergebnispapier.pdf?__blob=publicationFile&v=32. Zugegriffen: 8. Apr. 2021
3. Wikipedia (2020) Breguet'sche Reichweitenformel. https://de.wikipedia.org/w/index.php?title=Breguet'sche_Reichweitenformel&oldid=207061489. Zugegriffen: 25. Juli 2021
4. Kreidelmeyer S, Dambeck H, Kirchner A, Wünsch M (2020) Kosten und Transformationspfade für strombasierte Energieträger. Studie im Auftrag des Bundesministeriums für Wirtschaft und Energie. Zugegriffen: 30. März 2021
5. Matthes FC, Heinemann C, Hesse T, Kasten P, Mendelevitch R, Seebach D, Timpe C (2020) Wasserstoff-und-wasserstoffbasierte-Brennstoffe. Eine Überblicksuntersuchung. https://www.oeko.de/fileadmin/oekodoc/Wasserstoff-und-wasserstoffbasierte-Brennstoffe.pdf. Zugegriffen: 8. Apr. 2021
6. DLR Institute of Composite Structures and Adaptive Systems (FA) (2021) DLR – Institut für Faserverbundleichtbau und Adaptronik – Innovationsberichte. https://www.dlr.de/fa/desktopdefault.aspx/tabid-10605/. Zugegriffen: 25. Sept. 2021
7. DLR Institute of Composite Structures and Adaptive Systems (FA) (2021) DLR – Zentrum für Leichtbauproduktionstechnologie – Standort Stade. https://www.dlr.de/zlp/desktopdefault.aspx/tabid-10811/#gallery/25907. Zugegriffen: 29. Juni 2021
8. Wikipedia (2021) Nadcap. https://en.wikipedia.org/w/index.php?title=Nadcap&oldid=1040189287. Zugegriffen: 25. Sept. 2021
9. Air Liquide Energies (2017) How is hydrogen stored? Air Liquide Energies
10. Airbus (2014) Flight Airworthiness Authority Technology – FAST. No. 54. Airbus Technival Magazine January 2014
11. Airbus (2021) Extended Service Goal (ESG). https://services.airbus.com/en/flight-operations/system-upgrades/operations-extension/extended-service-goal-esg.html. Zugegriffen: 8. Juli 2021

M. Wiedemann, *Systemleichtbau für die Luftfahrt,* essentials,
https://doi.org/10.1007/978-3-658-38480-7

12. Al-kathemi N, Wille T, Heinecke F, Degenhardt R, Wiedemann M (2021) Interaction effect of out of plane waviness and impact damages on composite structures – an experimental study. Compos Struct 276:114405. https://doi.org/10.1016/j.compstruct.2021.114405
13. Amacher R, Cugnoni J, Botsis J, Sorensen L, Smith W, Dransfeld C (2014) Thin ply composites: experimental characterization and modeling of size-effects. Compos Sci Technol 101:121–132. https://doi.org/10.1016/j.compscitech.2014.06.027
14. Bachmann J, Yi X (Hrsg) (2019) EU/China research on ECO-COMPOSITES for aviation interior and secondary structures. https://elib.dlr.de/130971/
15. Bachmann J, Wiedemann M, Wierach P (2018) Flexural mechanical properties of hybrid epoxy composites reinforced with nonwoven made of flax fibres and recycled carbon fibres. Aerospace 5(4):107. https://doi.org/10.3390/aerospace5040107
16. Bauhaus Luftfahrt (2021) Die Grenzen der Batterietechnologie. https://www.bauhaus-luftfahrt.net/de/forschung/energietechnologien-antriebssysteme/die-grenzen-der-batterietechnologie/. Zugegriffen: 8. Apr. 2021
17. Beck N, Landa T, Seitz A, Boermans L, Liu Y, Radespiel R (2018) Drag reduction by laminar flow control. Energies 11(1):252. https://doi.org/10.3390/en11010252
18. Bertling D, Kaps R, Mulugeta E (2016) Analysis of dry-spot behavior in the pressure field of a liquid composite molding process. CEAS Aeronaut J 7(4):577–585. https://doi.org/10.1007/s13272-016-0207-2
19. Bogenfeld RM (2019) A combined analytical and numerical analysis method for low-velocity impact on composite structures. Dissertation, Technischen Universität Carolo-Wilhelmina
20. Bogenfeld R, Kreikemeier J, Wille T (2018) Review and benchmark study on the analysis of low-velocity impact on composite laminates. Eng Fail Anal 86:72–99. https://doi.org/10.1016/j.engfailanal.2017.12.019
21. Boose Y, Kappel E, Stefaniak D, Prussak R, Pototzky A, Weiß L (2020) Phenomenological investigation on crash characteristics of thin layered CFRP-steel laminates. Int J Crashworthiness 1–10. https://doi.org/10.1080/13588265.2020.1787681
22. Buelow C, Heltsch N, Hirano Y, Aoki Y, Kawabe K (2017) Investigation of the impact properties of thin-ply prepreg at element level. Proceedings of SAMPE Japan 2017. https://elib.dlr.de/122343/
23. Bundesministerium für Verkehr und digitale Infrastruktur (2020) Werkstattbericht Alternative Kraftstoffe. Klimawirkungen und Wege zum Einsatz alternativer Kraftstoffe
24. Camanho PP, Fink A, Obst A, Pimenta S (2009) Hybrid titanium–CFRP laminates for high-performance bolted joints. Compos A Appl Sci Manuf 40(12):1826–1837. https://doi.org/10.1016/j.compositesa.2009.02.010
25. Das S (2011) Life cycle assessment of carbon fiber-reinforced polymer composites. Int J Life Cycle Assess 16(3):268–282. https://doi.org/10.1007/s11367-011-0264-z
26. Delisle DPP, Schreiber M, Krombholz C, Stüve J (2018) Fertigung von Faserverbundstrukturen mittels kooperierender Robotereinheiten. Lightweight Design (2/2018)
27. Dienel CP, Meyer H, Werwer M, Willberg C (2019) Estimation of airframe weight reduction by integration of piezoelectric and guided wave–based structural health monitoring. Struct Health Monit 18(5–6):1778–1788. https://doi.org/10.1177/1475921718813279

28. DLR Leichtbau (2021) Leichtbau Tutorial #02 Was die Vakuuminfusion mit dem Trinken eines Cocktails zu tun hat. https://leichtbau.dlr.de/leichtbau-turtorial-02. Zugegriffen: 25. Sept. 2021
29. Düring D, Weiß L, Stefaniak D, Jordan N, Hühne C (2015) Low-velocity impact response of composite laminates with steel and elastomer protective layer. Compos Struct 134:18–26. https://doi.org/10.1016/j.compstruct.2015.08.001
30. Düring D, Petersen E, Stefaniak D, Hühne C (2020) Damage resistance and low-velocity impact behaviour of hybrid composite laminates with multiple thin steel and elastomer layers. Compos Struct 238:111851. https://doi.org/10.1016/j.compstruct.2019.111851
31. EASA (2021) EASA Search | EASA. https://www.easa.europa.eu/search?keys=AMC+20-29+. Zugegriffen: 27. Juni 2021
32. Eidgenössisches Departement für Umwelt, Verkehr (2020) Faktenmaterial Elektrisches Fliegen. https://www.bazl.admin.ch/dam/bazl/de/dokumente/Politik/Umwelt/faktenblatt_elektrisches_fliegen.pdf.download.pdf/Faktenmaterial%20Elektrisches%20Fliegen.pdf. Zugegriffen: 8. Apr. 2021
33. Endres M, Sommerwerk H, Mendig C, Sinapius M, Horst P (2017) Experimental study of two electro-mechanical de-icing systems applied on a wing section tested in an icing wind tunnel. CEAS Aeronaut J 8(3):429–439. https://doi.org/10.1007/s13272-017-0249-0
34. FA-Podcast (2021) Episode 2. https://leichtbau.dlr.de/episode-2. Zugegriffen: 25. Sept. 2021
35. Garbade M (2018) Efficient simulation of the through-the-thickness damage composition in composite aircraft structures for use with integrated SHM systems. 9th International Conference on Computational Methods (ICCM2018). https://elib.dlr.de/124721/
36. Gramüller B (2016) On pressure-actuated cellular structures. Dissertation, Technische Universität Carolo-Wilhelmina Braunschweig
37. Grasböck L, Humer A, Nader M, Schagerl M, Mayer D, Misol M, Humer C, Herold S, Monner HP (Hrsg) (2019) Wireless sensor networks and energy harvesting for energy autonomous smart structures. 4SMARTS 2019. Shaker
38. Graver B (2021) CO_2 emissions from commercial aviation: 2013, 2018, and 2019 | International Council on Clean Transportation. https://theicct.org/publications/co2-emissions-commercial-aviation-2020. Zugegriffen: 29. Nov. 2021
39. Haase T, Ropte S, van Kamp de B, Pohya AA, Kleineberg M, Schröder A, Pauly J-L, Kilian T, Wild J, Herrmann U (2020) Next generation wings for long range aircraft: hybrid laminar flow control technology drivers. Deutscher Luft- und Raumfahrt Kongress, Bd 2020
40. Haschenburger A, Menke N, Stüve J (2021) Sensor-based leakage detection in vacuum bagging. Int J Adv Manuf Technol 116(7–8):2413–2424. https://doi.org/10.1007/s00170-021-07505-5
41. Heide C von der, Steinmetz J, Schollerer MJ, Hühne C, Sinapius M, Dietzel A (2021) Smart inlays for simultaneous crack sensing and arrest in multifunctional bondlines of composites. Sensors (Basel) 21(11). https://doi.org/10.3390/s21113852
42. Heilmann L (2020a) Fused Bonding – Zuverlässiges Kleben durch reaktionsfähige Oberflächen. Innovationsbericht. https://elib.dlr.de/136021/

43. Heilmann L (2020b) Qualitätskontrolle von Reparaturklebungen an Faserverbundstrukturen durch vollflächige Festigkeitsprüfung. Dissertation, Technische Universität Carolo-Wilhelmina Braunschweig
44. Heilmann L (2021) Leichtbau Tutorial #1 Das Kleben von Faserverbundstoffen und das Fused Bonding-Verfahren. https://leichtbau.dlr.de/leichtbau-tutorial-1-das-kleben-von-faserverbundstoffen-und-das-fused-bonding-verfahren. Zugegriffen: 27. Juni 2021
45. Heinecke F, Wille T (2018) In-situ structural evaluation during the fibre deposition process of composite manufacturing. CEAS Aeronaut J 9(1):123–133. https://doi.org/10.1007/s13272-018-0284-5
46. Heinrich L, Kruse M (2016) Laminar composite wing surface waviness – two counteracting effects and a combined assessment by two methods. Deutscher Luft- und Raumfahrtkongress, Bd 2016
47. Herrmann R (2021) Final report summary – MAAXIMUS (More Affordable Aircraft structure through eXtended, Integrated, and Mature nUmerical Sizing). Publication Office/CORDIS. https://cordis.europa.eu/project/id/213371/reporting. Zugegriffen: 6. Sept. 2021
48. Hindersmann A (2017) Beitrag zur Simulation und Verbesserung der Vakuumdifferenzdruckinfusion. Deutsches Zentrum für Luft- und Raumfahrt e. V.
49. Hindersmann A (2019) Confusion about infusion: an overview of infusion processes. Compos A Appl Sci Manuf 126:105583. https://doi.org/10.1016/j.compositesa.2019.105583
50. Hoidis J (2021) DLR – Institut für Faserverbundleichtbau und Adaptronik – NADCAP-akkreditierte Materialprüfung am Institut. https://www.dlr.de/fa/desktopdefault.aspx/tabid-10731/13411_read-58144/. Zugegriffen: 24. Sept. 2021
51. Horst P, Elham A, Radespiel R (2021) Reduction of aircraft drag, loads and mass for energy transition in aeronautics. https://doi.org/10.25967/530164
52. Hühne C, Ückert C, Steffen O (2015) Entwicklung einer laminaren Flügelschale. Lightweight Des 8(6):32–37. https://doi.org/10.1007/s35725-015-0054-9
53. Johanning A, Scholz D (2014) Conceptual aircraft design based on life cycle assessment. St. Petersburg, Russia
54. Jux M, Finke B, Mahrholz T, Sinapius M, Kwade A, Schilde C (2017) Effects of Al(OH)O nanoparticle agglomerate size in epoxy resin on tension, bending, and fracture properties. J Nanopart Res 19(4). https://doi.org/10.1007/s11051-017-3831-9
55. Kappel E (2018) Compensating process-induced distortions of composite structures: a short communication. Compos Struct 192:67–71. https://doi.org/10.1016/j.compstruct.2018.02.059
56. Kappel E, Stefaniak D, Fernlund G (2015) Predicting process-induced distortions in composite manufacturing – a pheno-numerical simulation strategy. Compos Struct 120(120):98–106. https://doi.org/10.1016/j.compstruct.2014.09.069
57. Kintscher M, Kirn J, Storm S, Peter F, Wölcken PC, Papadopoulos M (2015) Smart Intelligent Aircraft Structures (SARISTU). Proceedings of the Final Project Conference. Smart Intelligent Aircraft Structures (SARISTU) 113–140. https://doi.org/10.1007/978-3-319-22413-8
58. Kleineberg M, Kaps R, Kappel E, Liebers N, Opitz S, Hein R, Azeem S (2020) EFFEKT Schlussbericht – Förderprogramm: Luftfahrtforschungsprogramm LuFo V-2: Laufzeit: 01.11.2015–30.09.2019

59. Klimaschutz-Portal (2020) Das Gewicht von Flugzeugen wird immer geringer – Klimaschutz-Portal. https://www.klimaschutz-portal.aero/verbrauch-senken/am-flugzeug/gewicht-einsparen/. Zugegriffen: 8. Juli 2021
60. Knote A, Ströhlein T (2009) Development of an innovative composite door surround structure for a future airliner, IB 131-2009/24. https://elib.dlr.de/59144/
61. Kolesnikov B, Herbeck L (2004) Carbon fiber composite airplane fuselage: concept and analysis. In: Central Aerohydrodinamical Institute TsAGI Russia (Hrsg) Merging the efforts: Russia in European research programs on aeronautics (CD), S 1–11
62. Kost C, Schlegl T (2018) Stromgestehungskosten erneuerbare Energien. https://www.ise.fraunhofer.de/content/dam/ise/de/documents/publications/studies/DE2018_ISE_Studie_Stromgestehungskosten_Erneuerbare_Energien.pdf. Zugegriffen: 8. Apr. 2021
63. Krause D, Wille T, Miene A, Büttemeyer H, Fette M (2019) Numerical material property characterization of long-fiber-SMC materials. International Workshop on Aircraft System Technologies
64. Krombholz C, Delisle D, Perner M (2013) Advanced automated fibre placement advances in manufacturing technology XXVII. Cranfield University Press, S 411–416
65. Kühn A (2014) Verbesserung des Brandverhaltens von Injektionsharzsystemen durch Verwendung von Nanopartikeln. Dissertation, Technische Universität Carolo-Wilhelmina Braunschweig
66. Künnecke SC, Kintscher M, Riemenschneider J (2020) Structural design of a shock control bump for a natural laminar flow aircraft wing. ASME Conference 2020
67. Liao G, Mahrholz T, Geier S, Wierach P, Wiedemann M (2018) Nanostructured all-solid-state supercapacitors based on NASICON-type Li1.4Al0.4Ti1.6(PO4)3 electrolyte. J Solid State Electrochem 22(4):1055–1061. https://doi.org/10.1007/s10008-017-3849-z
68. Liebers N (2018) Ultraschallsensorgeführte Infusions- und Aushärteprozesse für Faserverbundkunststoffe. Dissertation, Technische Universität Carolo-Wilhelmina Braunschweig
69. Liebisch M, Hein R, Wille T (2018) Probabilistic process simulation to predict process induced distortions of a composite frame. CEAS Aeronaut J 9(4):545–556. https://doi.org/10.1007/s13272-018-0302-7
70. Liebisch M, Wille T, Balokas G, Kriegesmann B (2019) Robustness analysis of CFRP structures under thermomechanical loading uncluding manufacturing defects. 9th EASN International Conference on Innovation in Aviation & Space. https://elib.dlr.de/130913/
71. Löbel T, Holzhüter D, Sinapius M, Hühne C (2016) A hybrid bondline concept for bonded composite joints. Int J Adhes Adhes 68:229–238. https://doi.org/10.1016/j.ijadhadh.2016.03.025
72. Lorsch P (2016) Methodik für eine hochfrequente Ermüdungsprüfung an Faserverbundwerkstoffen. Dissertation, Technische Universität Carolo-Wilhelmina Braunschweig
73. Mahrholz T, Exner W, Lorsch P, Adam J (2019) Verbundvorhaben LENAH: Lebensdauererhöhung und Leichtbauoptimierung durch nanomodifizierte und hybride Werkstoffsysteme im Rotorblatt – Teilprojekt Materialforschung. Erfolgskontrollbericht. DLR-IB-FA-BS-2019-134

74. Meister S, Wermes M, Stüve J, Groves RM (2021a) Cross-evaluation of a parallel operating SVM – CNN classifier for reliable internal decision-making processes in composite inspection. J Manuf Syst 60:620–639. https://doi.org/10.1016/j.jmsy.2021.07.022
75. Meister S, Grundhöfer L, Stüve J, Groves RM (2021b) Imaging sensor data modelling and evaluation based on optical composite characteristics. Int J Adv Manuf Technol. https://doi.org/10.1007/s00170-021-07591-5
76. Meister S, Wermes MAM, Stüve J, Groves RM (2021c) Review of image segmentation techniques for layup defect detection in the automated fiber placement process. J Intell Manuf. https://doi.org/10.1007/s10845-021-01774-3
77. Mendig C, Riemenschneider J, Monner HP, Vier LJ, Endres M, Sommerwerk H (2018) Ice detection by ultrasonic guided waves. CEAS Aeronaut J 9(3):405–415. https://doi.org/10.1007/s13272-018-0289-0
78. Misol M (2020) Active sidewall panels with virtual microphones for aircraft interior noise reduction. Appl Sci 10(19):6828. https://doi.org/10.3390/app10196828
79. Misol M, Haase T, Algermissen S, Papantoni V, Monner HP (2017) Lärmreduktion in Flugzeugen mit aktiven Linings. In: Wiedemann M, Melz T (Hrsg) Smarte Strukturen und Systeme. Tagungsband des 4SMARTS-Symposiums, 21.–22. Juni 2017, Braunschweig. Shaker, Aachen, S 329–339
80. Misol M, Algermissen S, Haase T (2019) Active control of sound, applications of encyclopedia of continuum mechanics. Springer, Berlin, S 1–13
81. Moix-Bonet M, Schmidt D, Wierach P (2018a) Structural health monitoring on the SARISTU full scale door surround structure. Lamb-wave based structural health monitoring in polymer. Composites. https://doi.org/10.1007/978-3-319-49715-0
82. Moix-Bonet M, Eckstein B, Wierach P (2018b) Temperature compensation for damage detection in composite structures using guided waves. 9th European Workshop on Structural Health Monitoring. https://elib.dlr.de/123729/
83. Moll J, Kexel C, Kathol J, Fritzen C-P, Moix-Bonet M, Willberg C, Rennoch M, Koerdt M, Herrmann A (2020) Guided waves for damage detection in complex composite structures: the influence of omega stringer and different reference damage size. Appl Sci 10(9):3068. https://doi.org/10.3390/app10093068
84. Montano Rejas Z, Keimer R, Geier S, Lange M, Mierheim O, Petersen J, Pototzky A, Wolff J (2021) Design and manufacturing of a multifunctional, highly integrated satellite panel structure 16th European Conference on Spacecraft Structures, Materials and Environmental Testing (ECSSMET 2021)
85. Petersen J, Geier S, Wierach P (2021) Integrated thin film supercapacitor as multifunctional sensor system. ASME Conference 2021
86. Pfannkuche H, Bülow C (2020) Untersuchung des Verhaltens und der Verarbeitung von Thin-Ply Prepreg mittels Fertigungsversuchen und Parameterstudien. https://elib.dlr.de/138562/
87. Pototzky A, Düring D, Hühne C (2015) Entwicklung einer elektrisch betriebenen Flügelvorderkantenheizung in einem Laminarflügel. Deutscher Luft- und Raumfahrt Kongress 2015, Bd 2015
88. Pototzky A, Wolff J, Holzhüter D, Hühne C (2016) Abschlussbericht zum Teilprojekt des DLR im Verbund InGa (Innovative Galley). https://elib.dlr.de/104200/

89. Pototzky A, Stefaniak D, Hühne C (2018) Potentials of load carrying, structural integrated conductor tracks SAMPE Europe Conference & Exhibition 2017 Stuttgart. Stuttgart, Germany, 14–16 November 2017. Curran Associates Inc, Red Hook, NY
90. Radestock M, Haase T (2019) Lärmtransmission durch Sandwichplatten mit verschiedenen Wabenkerngeometrien. https://elib.dlr.de/127442/
91. Radestock M, Haase T, Monner HP (2019) Experimental transmission loss investigation of sandwich panels with different honeycomb core geometries 48th International Congress and Exhibition on Noise Control Engineering, INTER-NOISE 2019
92. Rehbein J (2017) Erhöhte Blitzschlagresistenz von Kohlenstofffaserverbunden durch leitfähige Nähfäden. Dissertation, Technische Universität Carolo-Wilhelmina Braunschweig
93. Rehbein J, Wierach P, Gries T, Wiedemann M (2017) Improved electrical conductivity of NCF-reinforced CFRP for higher damage resistance to lightning strike. Compos A Appl Sci Manuf 100:352–360. https://doi.org/10.1016/j.compositesa.2017.05.014
94. Reinhard B, Torstrick S, Stüve J (2017) Automated net-shape preforming of CFRP Frames in the project Maaximus. https://elib.dlr.de/112660/
95. Rossow C-C, Geyr H von, Hepperle M (2016) The 1g-Wing, Visionary Concept or Naive Solution? Interner Bericht. https://elib.dlr.de/105029/
96. Saito H, Takeuchi H, Kimpara I (2013) A study of crack suppression mechanism of thin-ply carbon-fiber-reinforced polymer laminate with mesoscopic numerical simulation. J Compos Mater 48:2085–2096
97. Schollerer MJ, Ueckert C, Huehne C (2021) Laminar interface concept for a HLFC Horizontal tailplane leading edge, design and manufacturing approach. Zenodo. https://doi.org/10.5281/ZENODO.4655818
98. Schreiber M, Delisle DPP (2018) Efficient CFRP-manufacturing using multiple industrial robots. https://elib.dlr.de/124521/
99. Schuetze R, Goetting HC (1996) Adaptive lightweight CFRP strut for active vibration damping in truss structures. J Intell Mater Syst Struct 7:433–440
100. Schuetze R, Goetting HC, Breitbach E, Grützmacher T (1998) Lightweight engine mounting based on adaptive CFRP struts for active vibration suppression. Aerosp Sci Technol 2(6):381–390. https://doi.org/10.1016/S1270-9638(99)80026-1
101. Schütze R, Götting C, Breitbach E, Grützmacher T (1998) Leichte CFK-Triebwerksaufhängung mit aktiver Schwingungsunterdrückung
102. Silberhorn D, Atanasov G, Walther J-N, Zill T (2019) Assessment of hydrogen fuel tank integration at aircraft level. Deutscher Luft- und Raumfahrtkongress
103. Srinivasan K, Bertram O (2019) Preliminary design and system considerations for an active hybrid laminar flow control system. Aerospace 6(10):109. https://doi.org/10.3390/aerospace6100109
104. Stefaniak D, Prussak R, Weiß L (2017) Spezifische Herausforderungen für den Einsatz von Faser-Metall-Laminaten. Lightweight Des 10(5):24–31. https://doi.org/10.1007/s35725-017-0046-z
105. Steffen O, Ückert C, Kappel E, Bach T, Hühne C (2016) A multi-material, multi-functional leading edge for the laminar flow wing. 27th SICOMP Conference
106. Titze M, Misol M, Monner HP (2019) Examination of the vibroacoustic behavior of a grid-stiffened panel with applied passive constrained layer damping. J Sound Vib 453:174–187. https://doi.org/10.1016/j.jsv.2019.03.021

107. Titze M, Opitz S, Grohmann Y, Rege M (2020) 3D-gedruckte CFK-Bauteile – Eine neue Imprägniertechnologie senkt die Kosten. Innovationsbericht. https://elib.dlr.de/136045/
108. Torstrick-v.d.Lieth S, Hessen I (2017) Kleine Serien ganz groß – Wie kann Vollautomation bei kleinen Stück-zahlen wirtschaftlich funktionieren? Innovationsbericht. https://elib.dlr.de/117372/
109. Ucan H, Scheller J, Nguyen C, Nieberl D, Beumler T, Haschenburger A, Meister S, Kappel E, Prussak R, Deden D, Mayer M, Zapp P, Pantelelis N, Hauschild B, Menke N (2019a) Automated, quality assured and high volume oriented production of Fiber Metal Laminates (FML) for the next generation of passenger aircraft fuselage shells. Sci Eng Compos Mater 26:502–508
110. Ucan H, Apmann H, Graßl G, Krombholz C, Fortkamp K, Nieberl D, Schmick F, Nguyen C, Akin D (2019b) Production technologies for lightweight structures made from fibre–metal laminates in aircraft fuselages. CEAS Aeronaut J 10(2):479–489. https://doi.org/10.1007/s13272-018-0330-3
111. Vasco de Oliveira Fernandes Lopes J (2010) Life cycle assessment of the airbus A330-200 aircraft. Dissertation, Universidade Técnica de Lisboa
112. Vasista S, Riemenschneider J, Mendrock T, Monner HP (2018) Pressure-driven morphing devices for 3D shape changes with multiple degrees-of-freedom. ASME Conference 2018
113. Vasista S, Riemenschneider J, Keimer R, Monner HP, Nolte F, Horst P (2019) Morphing wing droop nose with large deformation: ground tests and lessons learned. Aerospace 6(10):111. https://doi.org/10.3390/aerospace6100111
114. Voß A, Handojo V, Weiser C, Niemann S (2020) Preparation of loads and aeroelastic analyses of a high altitude, long endurance, solar electric aircraft. AEC2020 Aerospace Europe Conference
115. Wiedemann M, Reinhard B (2016) RTM 4.0 – Quo Vadis? Aachen-Dresden-Denkendorf International Textile Conference
116. Wiedemann M, Ströhlein T, Kolesnikov B, Hühne C (2011) CFK Rumpfbauweisen. https://elib.dlr.de/71814/
117. Wierach P, Petersen J, Sinapius M (2020) Design and experimental characterization of an actuation system for flow control of an internally blown coanda flap. Aerospace 7(3):29. https://doi.org/10.3390/aerospace7030029
118. Willberg C, Meyer H, Freund S, Moix-Bonet M, Dienel CP, Baalbergen E, Grooteman F, Kier T, Schulz S (2021) Process and methods for E2E maintenance architecture. Clean Sky 2 Technology Progress Review. https://elib.dlr.de/141542/
119. Wille T (2019) SuCoHS Project – Sustainable Cost Efficient High Performance Composite Structures demanding Temperature or Fire Resistance. https://elib.dlr.de/131294/
120. YouTube (2021) Projekt PROTEC-NSR. https://www.youtube.com/watch?v=6MKn_5kuuwY. Zugegriffen: 25. Sept. 2021

Printed in the United States
by Baker & Taylor Publisher Services